KNAUR

HANNAH CHIARA

GEGEN DAS KLIMA DER GEWALT

Unser riskanter Einsatz
zwischen Polizei und Aktivismus
für eine lebenswerte Zukunft

KNAUR

Besuchen Sie uns im Internet:
www.droemer-knaur.de

MIX
Papier | Fördert gute Waldnutzung
FSC® C083411

Originalausgabe November 2024

Ein Imprint der Verlagsgruppe
Droemer Knaur GmbH & Co. KG, München

Redaktion: Dr. Katharina Theml, Büro Z
Covergestaltung: ZERO Werbeagentur, München
Coverabbildung: © JANKO | Jan Kopetzky
Satz und Layout: Adobe InDesign im Verlag
Druck und Bindung: CPI books GmbH, Leck
ISBN 978-3-426-65946-5

2 4 5 3 1

INHALT

PROLOG

CHIARA *Der Himmel ist bleigrau, Wolken hängen tief und drohen mit Regen, als wollten sie die Anspannung der Menge unter ihnen vorwegnehmen. Transparente tanzen über den Köpfen, über Lautsprecher ruft jemand Parolen, und ein Chor aus vielen Tausend Mündern stimmt mit ein. In der Luft liegt ein Mix aus Abgasen und feuchtem Laub. Ich steige gerade in voller Montur aus dem Einsatzwagen und verschaffe mir einen Überblick. Die Straßen Hamburgs scheinen zu pulsieren unter den vielen Füßen, die ungeduldig darauf warten, endlich loslaufen zu können. Die Demonstrierenden sind laut, bunt und demoerfahren, das gehört dazu bei all diesen Demonstrationen, ob gegen Rassismus, Atomkraft oder Krieg. Sie stammen aus allen Gesellschaftsschichten, Alte und Junge, Männer und Frauen, mit Migrationshintergrund und ohne, Wohlhabendere und weniger Begüterte, obwohl sich Erstere auf solchen Veranstaltungen eher rarmachen.*

Ihre lauten Rufe für Gerechtigkeit und Gleichheit hallen über den Platz, vermengen sich zu einem wabernden Rhythmus. Die Stimmung ist aufgeregt, meine Kolleg:innen positionieren sich an den Rändern der Menge, die Gesichter verschlossen, die Körper jederzeit bereit, sich in die Menge zu stürzen. Ihr bedrohlicher Anblick, gepanzert, bewaffnet, uniformiert, reizt die Demonstrierenden, immer wieder sind Rufe zu hören, die uns herausfordern. Sie wollen Abgrenzung demonstrieren zwischen sich und »dem System«.

Ein Demonstrant kommt einem Kollegen zu nah, dieser schubst ihn. Sofort ertönt ein wütender Chor: »Wir sind fried-

lich, was seid ihr?« Und dann fliegt plötzlich eine Flasche und zerschellt hinter unserer Absperrung auf dem Asphalt. Die Stimmung schlägt um, die Uniformierten drängen nach vorne, gehen rüde gegen die Gruppe vor, aus der die Flasche geflogen kam. »Helm auf!«, brüllt mir ein Kollege zu. Ich kann nicht erkennen, wer es war – er sieht aus wie alle anderen.

Trotz meines Trainings und meiner Einsatzroutine spüre ich, wie ein Adrenalinstoß meine Sinne schärft. Meine Augen suchen nach Anzeichen einer weiteren Eskalation, während die Geräuschkulisse um mich herum in meinen Ohren langsam wieder das Pochen meines Herzens übertönt. Die Aufregung flaut ab, die Demo geht los. Wir lassen unsere Helme auf. Als Führungskraft habe ich eine besondere Verantwortung für viele andere Polizist:innen, ich will nicht, dass jemand verletzt wird.

Unter Pfeifen und Trommeln setzt sich die Menge in Bewegung, Rufe werden skandiert, aus Boxen dröhnt Musik. Seifenblasen fliegen über den Köpfen davon, während ich mich neben immer mehr anderen schwarz gekleideten Kräften am Rand positioniere und die Demonstrierenden beobachte. Es gilt das Vermummungsverbot, trotzdem zieht so mancher den Schal weit ins Gesicht. Es sind diese kleinen Gesten, die für mich wie eine Provokation wirken.

In den Straßen dieses eher alternativen Stadtviertels in Hamburg ist es bei früheren Demonstrationen bereits öfter zu Ausschreitungen gekommen, und auch heute ist damit zu rechnen. Es sind Tage wie diese, die mir alles abverlangen, was mir an mentaler und physischer Kraft zur Verfügung steht. Als Polizistin stehe ich dann einer wütenden Menge gegenüber – laut, aufgebracht, ein Sog der Emotionen. Ich hole tief Luft, der Helm ist schwer und meine Sicht eingeschränkt. Ich fühle mich ein wenig wie eine Astronautin bei der Mondlandung. In meinen behandschuhten Händen halte ich den

Einsatzplan, der selten lange Gültigkeit besitzt, aber zumindest Orientierung vermittelt. Zu unberechenbar ist die Dynamik solcher Einsätze. Die Ausrüstung an meinem Körper wirkt wie eine zweite, sperrige Haut, die meine Bewegungen einschränkt – Helm, Schutzweste, der Gürtel schwer vom Gewicht der Dienstwaffe; doppelt gesichert, damit sie mir niemand im Getümmel entwenden kann. Mein Funkgerät ist oft die einzige Verbindung zu meinen und anderen Kräften. Die einzige Möglichkeit, klare Anweisungen auszutauschen oder Unterstützung anzufordern, falls wir angegriffen werden. Oft genug werden die Funksprüche vom lautstarken Durcheinander verschluckt und mit ihnen jede Orientierung. In solchen Momenten steigt Angst in mir auf.

Demonstrierende, die als Gefahr für die Sicherheit und Ordnung identifiziert werden, werden üblicherweise von Einsatzkräften umringt und festgesetzt, »eingekesselt« heißt das im Polizeijargon. Dann können Personalien aufgenommen und gegebenenfalls auch Festnahmen vorgenommen werden, wenn der Verdacht besteht, dass ihr Verhalten strafbar war. Ein weiterer Anlass, der aus einem Zug friedlich Demonstrierender einen wütenden Protestmob machen kann. Seit ich Polizistin bin, habe ich dieses Phänomen schon öfter beobachtet. Wir, die Einsatzkräfte, deutlich in der Unterzahl, die vergangenen Nachtschichten und viele Überstunden in den Knochen, dafür mit Schlagstöcken, Pfefferspray und Dienstwaffen ausgestattet und durch die besondere Schutzausrüstung wie gepanzert. Dennoch habe ich Angst vor Verletzungen. Wenn das Chaos erst einmal ausbricht, ist es nahezu unmöglich, den Überblick zu behalten. In solcher Bedrängnis schaltet der Körper wie automatisch in den »Flucht oder Kampf«-Modus, die Wahrnehmung verengt sich zu einem Tunnelblick, instinkt- und impulsgesteuerte Reaktionen wollen übernehmen, weil das Nachdenken zu lange dauert. Es ist nicht leicht und manchmal illusorisch, diesem natürlichen Antrieb eine antrainierte Gelassenheit entgegenzusetzen.

Ich straffe meine Schultern, fühle, wie belastet mein Rücken vom Gewicht meiner Ausrüstung ist. Meinen Körper zu spüren, entlastet meinen Geist. Ich schaffe es, mir zu signalisieren, dass gerade keine akute Gefahr droht. Einsätze wie dieser werden wohl nie zur Routine werden. Ich kann nur hoffen, dass ab jetzt alles friedlich bleibt in dieser sich rasch verändernden, unvorhersehbaren Lage, die nur allzu schnell außer Kontrolle geraten kann.

HANNAH *Als ich an diesem Morgen aufwache, spüre ich bereits die latente Unruhe in meinem Inneren. Bis ich das Haus verlasse, hat sie sich zu einem beklemmenden Gefühl in der Brust gesteigert. Ich ignoriere das Gefühl.*

Der Himmel hängt voller schwerer Wolken, ein schmutziges Grau, das die Farben der Straßen und Häuser verzehrt. Ich ziehe meine robusten Schuhe an, die mir im Getümmel mehr Standhaftigkeit verleihen, werfe mir meinen Parka über, der mich vor den Wasserwerfern schützen soll, und wickele meinen Schal um den Hals. Wenn die Luft voll Tränengas ist, kann ich ihn über die Augen ziehen. Es wird nicht viel helfen.

Ich steige auf mein Fahrrad und fahre los in Richtung Demo. Der Wind trägt vereinzelte Regentropfen zu mir, als wollte selbst das Wetter heute seine Gleichgültigkeit über unser Anliegen ausdrücken – den Kampf für das Klima und soziale Gerechtigkeit.

Bald schon nähere ich mich dem Versammlungsort. Die Straßen füllen sich allmählich mit Menschen, jeder Schritt, jedes Gesicht, erzählt mir von der Hoffnung auf eine Veränderung und vom gemeinsamen Ringen um einen Wandel. Ich spüre, wie mein Herz ein wenig leichter wird, als ich meine

Freundinnen und Freunde erspähe. Ganz unbelastet werden wir wohl alle nie zu einer Demo fahren. Jedes Mal wird unsere Entschlossenheit von einem Schatten begleitet, der dunkler ist als das aufziehende Unwetter: der Angst vor dem langen Arm des Systems – der Angst vor der Polizei.

Die Gewalt der Polizei gegen Aktivist:innen hat eine lange Geschichte. Im Gewirr der Stimmen um mich herum, der ehrlichen, besorgten, wütenden, finden sich Berichte von meinen Freundinnen und Freunden, die aus früheren Protesten die Narben tiefer Wunden davongetragen haben – nicht von fallenden Ästen oder dem rauen Boden, sondern von der unbarmherzigen Härte des Polizeiknüppels.

Ich sehe ihre Augen, wie sie sich verdunkeln, wenn sie von Zerrungen, Prellungen und Knochenbrüchen sprechen, von Verletzungen, die nur durch rohe Gewalt entstanden sein können. Gewalt, für die niemand zur Verantwortung gezogen wird. Weil sich die Verantwortlichen hinter ihrer Uniformität verstecken.

Polizeigewalt und ihre Folgen sind eine reale Bedrohung für mich, all diese tragischen Geschichten ein stetes Mahnen daran, dass unser Protest fatale Konsequenzen für uns haben könnte, die ausgerechnet durch jene herbeigeführt werden, die so etwas verhindern oder verfolgen sollen. Ich spüre, wie Angst und Wut auf mich übergehen und hake mich unter.

Ich fühle mich mit den anderen verbunden, und zusammen rufen wir aus vollem Hals unsere Parolen »Hejo, leistet Widerstand! Auf die Barrikaden, auf die Barrikaden!« und »Wir sind hier, wir sind laut, weil ihr uns die Zukunft klaut!«

Manche widersetzen sich dem Vermummungsverbot, ziehen sich ihren Schal trotzdem übers Kinn. Sie wissen, dass sie Probleme bekommen können, wenn sie auf dieser Demo identifiziert werden – von Rechtsextremen, die immer wieder zu solchen Demos kommen, um zu filmen. Um uns zu drohen.

Von Polizisten, die manchmal auch Rechtsextreme sind. Eine Zwickmühle, denn wir werden oft als »die Bösen« dargestellt, als würde unsere Vermummung von gefährlichen und kriminellen Absichten zeugen.

Es macht mich müde und traurig, darüber nachzudenken. Zu oft wurde behauptet, wir seien bewaffnet – ein Vorwand, um ihre übertriebene Härte zu rechtfertigen. Wir haben lediglich unsere Stimmen, unsere Transparente und unsere gemeinsamen Ziele, für die wir uns einsetzen. Wir geben uns gegenseitig Kraft, sprechen uns Mut zu, um uns immer wieder aufs Neue der Gewalt der Ordnungsmacht auszusetzen.

Es macht mich wütend, wenn Polizist:innen von sich behaupten, für Gerechtigkeit einzustehen. Würden sie ihre Aufgabe von »öffentlicher Sicherheit« ernst nehmen, müssten sie an unserer Seite stehen und auch mit aller Kraft gegen die Klimakatastrophe kämpfen. Denn genau das ist notwendig, damit wir auch in Zukunft alle sicher und gut leben können. Ich bin weit davon entfernt, das wirklich zu erwarten. Aufmerksam beobachte ich die Masse aus schwarzen Uniformen, wie sie stattdessen wie leere Hüllen einer ungerechten und für mich unsichtbaren Obrigkeit folgen. Ich zerbreche mir oft den Kopf darüber, wie wir diesen Menschen klarmachen können, dass unsere Ziele doch auch die ihren sein müssten.

Meine Augen wandern über die schwarzen Helme der Beamtinnen und Beamten, die sich um uns herum aufstellen, ihre Gesichter hinter den Visieren sind kaum zu erkennen. Ihre Uniformen, ihre Ausrüstung machen sie als Individuen unsichtbar und unterstreichen, dass sie Ausführende des Gewaltmonopols sind. Sie in ihrem Menschsein zu erreichen, wirkt dadurch fast unmöglich, und während sie Recht und Gesetz auf ihrer Seite haben, sind wir in ihren Augen wohl nichts als Störenfriede und Chaoten. Dabei üben wir unser Recht auf Versammlungsfreiheit aus, ein wichtiger Grundpfeiler von De-

mokratien. Die Gräben zwischen uns fühlen sich tief an, unüberwindlich. Dafür sorgen allein schon die vielen persönlichen Gewalterlebnisse aus unseren Reihen.

Der Demozug setzt sich im Nieselregen langsam in Bewegung, und wie in Trance setze ich einen Fuß vor den anderen. Ich kann mich nicht dagegen wehren, dass eine weitere Erinnerung von einer früheren Demo in meinen Gedanken Gestalt annimmt: höhnisches Gelächter und hämisches Grinsen von zwei Beamten. Sie fotografieren einen Menschen von uns, als er eingekesselt seine Notdurft verrichten will. Die Gesetzeshüter machen Witze und versuchen, das Genital auf ihren Handyfotos zu vergrößern. Ich finde das abscheulich, was für ein erbarmungsloser Machtmissbrauch – und das, obwohl die Würde des Individuums das Fundament des Grundgesetzes ist. Mit ihrem Verhalten zeigen diese Polizisten, dass unsere Sicherheit in ihren Händen so fragil ist wie ein Spinnennetz im Sturm.

Ich nehme einen tiefen Atemzug, die Stimmen um mich bilden einen Chor aus Entschlossenheit und Mut und fangen mich auf. Über mir reißen die Wolken auf. Die Sonne drängt heraus, scheint hell auf unsere Gesichter. Ich hebe den Kopf, blinzele und höre, wie zuversichtliche Rufe aus der Menge zum Himmel aufsteigen.

Kapitel 1

WIE DIE DINGE EBEN LAUFEN

CHIARA Ich wurde einen Monat nach der deutschen Wiedervereinigung im November 1990 in Lübeck geboren. Wo einst die innerdeutsche Grenze zwischen Schleswig-Holstein und Mecklenburg-Vorpommern verlief, erstreckt sich heute ein einzigartiges Naturschutzgebiet. Durch jahrzehntelange Abriegelung konnte sich die Natur in dieser Region so vielfältig entwickeln wie an nur wenigen anderen Orten in Deutschland. Hier in Lübeck an der Akademie der Bundespolizei, des ehemaligen Bundesgrenzschutzes, wurde ich auch zur Polizistin ausgebildet.

Trennungskind

Bald nachdem meine Schwester geboren worden war, trennten sich meine Eltern, und es begann eine Zeit, die existenzielle Herausforderungen mit sich brachte. Mein Vater zog aus, und meine Mutter war ab diesem Moment der Stigmatisierung als nun Alleinerziehende ausgesetzt. Nur wenige sahen, wie sie für unsere Zukunft kämpfte und versuchte, uns gleichzeitig Mutter, Vater, Versorgerin und Vorbild zu sein.

Sie resignierte nicht, egal wie übel das Leben ihr mitspielte und wie wenig Geld sie auf dem Konto hatte. Für sie standen wir immer an erster Stelle. Sie war sich für nichts zu schade, um dafür zu sorgen, dass es uns gut ging und wir in eine gute Zukunft blicken konnten. Wenn sie am Wochenende bis acht Uhr ausschlafen konnte, gab es Pfannkuchen zum Frühstück. Aus einem kleinen Haus mit schimmeligen Wänden und verwildertem Garten schuf sie für uns ein liebevolles Zuhause, einen Spielplatz voller Fantasie und Abenteuer. Sie lehrte uns den Wert der kleinen Freuden und rannte mit uns zwischen Blitz und Donner durch den Regen über das flache Dach unseres Hauses. Mit einer heißen Tasse Kakao kuschelten wir uns danach gemeinsam auf die Couch.

Sie versuchte, so wenig wie möglich an uns heranzulassen, wie gestresst, tieftraurig oder überfordert sie oft war. Heute, wo ich selbst Mutter bin, erahne ich, welche Opfer sie dafür erbracht hat. Ihr eigenes Leben abseits des Mutterseins kam in dieser Zeit vollkommen zum Stillstand, sie hat sich aufgerieben zwischen Trennung, Haushalt, Kinderbetreuung, Umzug, Arbeit und finanziellen Sorgen. Manchmal mit mehr, oft ganz ohne fremde Hilfe. Es muss eine unglaubliche Anstrengung gewesen sein, sich mit der schieren Kraft des Willens durch diese Zeit zu kämpfen und sich immer wieder gegen soziale Härten zu stemmen. Egal wie schwer die Umstände auch waren, meine Mutter tat alles, um meiner Schwester und mir ein Leben voller Möglichkeiten zu bereiten. Sie ergab sich nicht dem Problem, sie suchte nach der Lösung. Sie ging die Dinge an, und dafür bin ich ihr unheimlich dankbar.

Ohne ihre bedingungslose Liebe und ihre ausdauernde Kraft könnte ich selbst vielleicht nicht die liebende und starke Mutter sein, die ich jetzt bin. Von meinem Vater, mit dem mich heute eine enge Beziehung verbindet, habe ich den unerschütterlichen Glauben an das Gute im Menschen und daran, dass mit der Kraft des Aufeinanderzugehens alles möglich ist.

Die widrigen Umstände nach der Trennung meiner Eltern machten es wohl unumgänglich, dass ich während dieser Zeit ein paar Verletzungen und lähmende Prägungen erfuhr. Ich musste oft funktionieren, fühlte mich zwischen meiner kämpfenden Mutter und meinem abwesenden Vater, den ich sehr vermisste, hin- und hergerissen, und ich fühlte mich in meinen Bedürfnissen nach Nähe und Aufmerksamkeit hinter meiner jüngeren Schwester zurückgesetzt. Ich wollte meiner Mutter keine zusätzliche Last sein und entwickelte eine hohe Sensibilität für ihr Befinden. Unbewusst fing ich an, die familiäre Harmonie als meine Aufgabe zu sehen, sie sollte sich nicht mit mir auseinandersetzen müssen. Wenn ich das nicht schaffte und meine Mutter enttäuscht, wütend oder traurig war, hatte ich ein unheimlich schlechtes Gewissen.

Dieser unsichtbare Job machte mich als Kind und Jugendliche zunehmend reizbar, ich fühlte mich schnell angegriffen und rebellierte in ausufernder Heftigkeit, wenn ich mich ungerecht behandelt fühlte. Das löste einen regelrechten Alarm in mir aus, der oft in jugendlichem Widerstand endete. Einige Bekannte meiner Mutter empfanden mich als das schwarze Schaf, Tanten und Onkel zogen mich nur zu oft mit meiner »zickigen« Art und meinen Extrapfunden auf. Besonders wenn es mir nicht gut ging, nahm ich mir beim Essen einmal mehr nach.

Im Nachhinein betrachtet kommt mir das eigentlich sehr logisch vor: Wenn ein Kind der Mutter zu Hilfe eilt, über die eigenen Grenzen geht, damit Mama es nicht muss, unter dem Druck der Anpassung steht und Probleme schultert, für die eine gesamte Gesellschaft sich verantwortlich zeigen sollte – wird es früher oder später Schaden nehmen.

Waldorfschule

Diese Neigung, mich eher nach anderen zu richten als einen gesunden Selbstwert zu entwickeln, zog sich durch meine Kindheit und Jugend. Im Kontrast dazu bot meine Schule mir einen Raum, in dem ich meine Fähigkeiten und Interessen entdecken und entwickeln konnte. Ich besuchte die Freie Waldorfschule in Lübeck. Eine Schule mit alternativem Schulkonzept zu den staatlichen Regelschulen, deren Existenz von der finanziellen Unterstützung der Eltern abhängig ist – weil der Staat sie nur zu einem bestimmten Prozentsatz finanziert. Andere Familien zahlten solidarische Beiträge, sodass meine Schwester und ich dort zur Schule gehen konnten.

Meine Schule war für mich weit mehr als ein Ort des Lernens; sie war ein Gemeinschaftserlebnis, das mir zeigte, wie Bildung das Leben bereichern kann. Der Ansatz an einer Waldorfschule ist es, die Kinder basierend auf ihrer ganz eigenen Individualität zu fördern und in ihrer persönlichen Entwicklung zu begleiten. Die Erwartung, in Wirtschaft und Gesellschaft zu funktionieren, spielte keine Rolle. Im Fokus standen wir Kinder mit dem, was wir mitbrachten. Wir wurden in einem geschützten Raum dazu ermutigt, unsere Stärken auszubilden, eigenverantwortlich Entscheidungen zu treffen und daraus eine Gemeinschaft wachsen zu lassen. Jeder persönliche Fortschritt wurde geschätzt und anerkannt. Anstelle von Noten wurden zum Schuljahresende ausführliche Textzeugnisse verfasst. Sitzen bleiben konnte man nicht. Es gab auch keine Klassifizierung nach bestimmten Abschnitten, bei denen auf Regelschulen nach Empfehlung unter Gymnasial- und anderen Schüler:innen sortiert wird. Wir blieben zusammen, die meisten von uns durchgängig von der ersten bis zur 13. Klasse.

Es ging nicht darum, einen einheitlichen Standard zu entwickeln, sondern sich innerhalb des Klassenverbandes gegenseitig zu unterstützen und miteinander zu kooperieren, wir konnten uns in unseren Potenzialen ergänzen und sie miteinander verbinden. Der Unterricht wurde an das Lernverhalten der Kinder angepasst, dafür wurde er beispielsweise epochenweise organisiert – in den ersten beiden Unterrichtsstunden wurden jeweils über drei Wochen hinweg komplexe Themen bearbeitet –, in den Nachmittagsstunden fanden handwerkliche Unterrichte statt. Das Konzept der Waldorfschule bot uns viel Freiraum, um die Welt zu entdecken, Freundschaften zu schließen und zu pflegen und ohne Konkurrenzdruck eigenmotiviert zu lernen. Dies unterscheidet die Waldorfschule von öffentlichen Schulen.

Ich kenne viele Menschen, die aus ihrer Schulzeit nachhaltige Verletzungen mit sich herumtragen, durch die vernichtende Erfahrung, abgewertet und aussortiert zu werden, an einem System zu scheitern, in dem sie nicht funktionieren können, pathologisiert und gemobbt werden.

Ich habe den Eindruck, dass viele Gleichaltrige eher deformiert und geschädigt wurden, als dass sie auf ihrem Weg in ihr ganz eigenes Leben begleitet wurden. Es ist für mich ein Skandal, wenn Kinder nicht gerne zur Schule gehen und die Aufgabenstellung lautet, sich auf Basis eines eindimensionalen Notensystems miteinander zu messen. Dabei geht es nicht um persönliche Weiterentwicklung oder darum, über sich hinauszuwachsen. Stattdessen geht es darum, wie gut willkürlich gesetzte Standards eingehalten werden. Es berücksichtigt die wichtigsten Fragen nicht, denen sich junge Menschen von heute gegenübersehen und die weniger mit Karriere und Noten zu tun haben als damit, wie wir die Welt, in der wir leben, wieder lebenswert machen können, und zwar für alle Lebewesen.

Wir können nicht erwarten, dass noch so einfühlsame Lehrkräfte diese Missstände innerhalb unseres Regelschulsystems ausgleichen können, wenn wir sie nicht zum Ausbrennen verurteilen wollen.

Rudolf Steiner, der Entwickler des Waldorfschulkonzeptes, ist, wie ich später herausfand, eine streitbare Person, viele Menschen werfen ihm neben Wissenschaftsfeindlichkeit auch Rassismus vor. Für mich änderte dies jedoch nie etwas daran, dass ich meine Schulzeit gegen keine andere eintauschen würde.

Was aus meinen Erfahrungen in der Waldorfschule in meinen heutigen Blick auf die Gesellschaft eingeflossen ist, war, dass es dort nie darum ging, dominieren zu müssen oder unter einem Leistungsdruck zu stehen. Von Anfang an gab es keine Konkurrenz und keinen Wettkampf unter uns Schülerinnen und Schülern. Meine persönlichen Ziele waren nie unrealistisch hoch gesteckt. Ein Umfeld, das von Anfang an signalisiert, dass man so akzeptiert und unterstützt wird, wie man ist, schafft eine gesunde Grundlage. Durch die langjährige und vertrauensvolle gemeinsame Zeit und die Möglichkeit zur Selbstreflexion und Entwicklung wurde diese Haltung immer wieder gefördert. Unsere Lehrerinnen und Lehrer begleiteten uns und griffen bei Bedarf ein, wenn Unterstützung gebraucht wurde.

Gleichzeitig stand das Miteinander immer im Vordergrund. Wenn andere Menschen auf die Stärken einer Person achten, entsteht weniger Unsicherheit, die wiederum Konflikte zu vermeiden hilft. Man gerät nicht in den Zwang, in eine Rolle zu schlüpfen, die einem nicht entspricht. In meiner Schule galt ein Diskurs, der Stärken und Talente nicht in Rivalität zueinander stellt, sondern sie als Ergänzung und als Potenzial betrachtet. Es werden auch die Begabung und das Können von Kindern anerkannt, deren Stärken nicht nur im intellektuellen Bereich, sondern auch im künstlerischen, handwerklichen oder im sozialen Bereich liegen. Es ist ein Gegenentwurf zum staatlichen Schulsystem, das hauptsächlich auf naturwissenschaftliche Fächer fokussiert ist, während andere Fächer oft vernachlässigt werden.

Auf unserem Schulhof gab es Tiere, Werkstätten und einen kleinen Wald. Ein Praktikum in der Landwirtschaft ist fester Bestandteil der Oberstufe, aber auch in allen anderen Klassenstufen wurde unsere Verbindung zur Natur gepflegt. Ich wusste, woher das Essen auf meinem Teller kam, weil wir es selbst gesät, gepflegt und geerntet hatten. Ich wusste die Spielgeräte auf unserem Schulhof zu schätzen, weil wir sie selbst gebaut hatten. Es gab immer zusätzliche Angebote für solche praktischen Aktivitäten und auch für Schülerinnen und Schüler, die, unabhängig von ihren Zeugnissen, in diese Richtung gehen wollten. In umfangreichen Kunst- oder Orchesterprojekten erlernten und erlebten wir, wie wichtig jede:r Einzelne für das Gelingen des Gesamtwerkes war.

Besonders geprägt ist meine Erinnerung an das Theaterprojekt in der 12. Klasse, bei dem wir sechs Wochen kaum etwas anderes taten, als für eine neu interpretierte Version von »Romeo & Julia« zu proben, Kostüme zu schneidern und Plakate zu entwerfen. Sogar das Bühnenbild bauten wir selbst.

Beteiligung war insgesamt ein Schlüsselthema innerhalb unserer Schulgemeinschaft, wobei das nicht nur für die Kinder, sondern auch für die Eltern und Lehrenden galt. Die Schulküche wurde in Eigenregie regional und saisonal organisiert, Eltern und Schüler:innen kochten mit. Es gab ein Schüler:innenparlament, gemeinsame Veranstaltungen in der Schulaula, bei denen alle Klassenverbände gegenseitig ihre Fortschritte präsentierten und sich dafür feiern ließen, und gemeinsame Kultur- und Bildungsabende, an denen wir beispielsweise Günther Grass bei der Lesung aus seinem Werk *Die Blechtrommel* lauschten oder uns über die Idee eines bedingungslosen Grundeinkommens informierten.

Mit meiner Schulgemeinschaft machte ich auch meine ersten Demoerfahrungen. Ein paar Jahre nach der Wiedervereinigung gab es unter den Kultusministerien immer wieder Streitigkeiten zu Finanzierungsfragen. Mecklenburg-Vorpommern wollte nicht für den Schulbesuch von Schüler:innen in einem anderen Bundesland bezahlen, Schleswig-Holstein zahlte nicht, weil diese in einem anderen Bundesland ihren Wohnort hatten. Wir bastelten Transparente und lernten Parolen, und dann fuhren Kinder, Eltern und Lehrende in die Landeshauptstädte nach Kiel und Schwerin, um vor den Regierungsgebäuden zu demonstrieren. Nach Schwerin fuhren wir mit dem Fahrrad und sangen zu der Melodie von *Hejo, spann den Wagen an* den von Lehrenden und Eltern selbst umgedichteten Text: »Hejo, komm'n Sie zu Verstand, freie Schulen braucht unser Land! Wir sind Eure Zukunft, wir sind Eure Zukunft, hejo, leistet Widerstand …«

Ich bin froh darüber, erlebt zu haben, dass es möglich ist, auf Basis eines großen Urvertrauens miteinander zu leben und umzugehen. Wer weiß, ob ich mich so entwickelt hätte, wenn ich das nicht gelernt hätte?

Meine Schulzeit bot mir jedenfalls jenen Blick auf Bildung und Gesellschaft, der mich für Gerechtigkeit und den Wert von Gemeinschaft sensibilisierte. Ich lernte, dass mit Hartnäckigkeit, Engagement und der Unterstützung einer Gemeinschaft selbst die größten Hindernisse überwunden werden können, und ich machte die Erfahrung, dass Menschen ohne Konkurrenz, Rücksichtslosigkeit und Gewalt miteinander leben, lernen und arbeiten können. Diese Werte und Erkenntnisse sind zu einem integralen Bestandteil meines Lebens geworden, und ich halte bis heute an ihnen fest. Ich sollte bald feststellen, dass es auch andere Realitäten und Normalitäten gab.

Politik ist Männersache

Politik spielte in unserer Familie keine Rolle, und so war ich als Jugendliche und später als junge Frau kein politischer Mensch. Liebe, Trauer, Wut, das alles gab es bei uns. Auch haben wir uns darüber ausgetauscht, was moralisch richtig, gerecht oder vertretbar ist – allerdings haben wir das nie in Verbindung mit dem aktuellen politischen Weltgeschehen diskutiert. Später erfuhr ich, dass meine Mutter vor meiner Geburt sogar ein unheimlich politischer Mensch war und das auch gerne geblieben wäre. Sie organisierte Informationsveranstaltungen, um in Deutschland über die Zustände in Chile unter dem autoritären Regime von General Augusto Pinochet zu informieren. Pinochet war 1973 nach einem Militärputsch an die Macht gekommen, ein freier Markt und die Privatisierung staatlicher Unternehmen unter dem Regime führten zu Arbeitslosigkeit und sozialer Ungleichheit, Widerständige wurden auf Befehl des Diktators gefoltert und hingerichtet. Einmal reiste sie sogar nach Kuba, half beim Bau eines Dorfes und bei der Mandarinenernte und bereiste das Land. Die Zeit in Kuba muss sie sehr geprägt haben, sie erzählt immer wieder nostalgisch schwärmend davon.

Während unserer Kindheit hatte meine Mutter für Politik ganz einfach keine Zeit und auch sonst keine Kapazitäten. Ihr ging es wie vielen anderen alleinerziehenden Frauen, die auf das gesellschaftliche Abstellgleis gestellt und abgehängt wurden. Sie wurde weder in ihrer Selbst- noch in ihrer Mitbestimmung unterstützt. Politik war Männersache. Wenn meine Fragen zu viel wurden und meine Mutter entnervt aufgeben musste, war »*Weil das eben so ist*« eine Antwort, die ich nur zu oft zu hören bekam. Ich respektierte meine Mutter und nahm das hin. Heute ist sie in Rente, aber richtig genießen kann sie das nicht. Sie hat über viele Jahre im wahrsten Sinne des Wortes die Zähne zusammengebissen, hatte keine Zeit für Entspannung oder Sport. Der Stress hat sich überall in ihren Körper eingeschrieben. Seit sie nicht mehr arbeiten muss, ist sie unheimlich erschöpft, hat viele Arzttermine. Über den Sommer möchte sie ein bisschen verschnaufen, bevor sie sich eine neue Arbeit sucht. Ihre Rente reicht sonst nicht.

Mit 19 fehlten mir noch der Weitblick und das Bewusstsein für diese Ungerechtigkeit. Im Grunde kam ich völlig unvorbereitet in das reale gesellschaftliche Leben. Für mich war die Welt in Ordnung, und ich ging davon aus, dass dies für die meisten Menschen zutraf. Vielleicht liegt das auch daran, dass vor allem Frauen – Mütter, Ehefrauen und Töchter – mit aufopferungsvoller Kraft die Symptome sozialer Ungerechtigkeiten auffangen und aushalten, indem sie zum Beispiel kranke und alte Familienangehörige pflegen, sich um die Kinder kümmern und dafür ihre beruflichen und politischen Aktivitäten einschränken. Welche Kraft sie wohl gemeinsam entfalten könnten, wenn sie sich für ein System verbündeten, in dem das Wohl von Mensch und Natur stets Aufgabe und Ziel der gesamten Gesellschaft ist?

Meine Entscheidung, zur Polizei zu gehen, war jedenfalls weniger ein lang gehegter Traum als vielmehr eine logische Schlussfolgerung. Hüter:innen der Gerechtigkeit, Freund und Helfer. Diese Jobbeschreibung entsprach genau meinen Vorstellungen und vor allem meinem ausgeprägten Wunsch nach Gerechtigkeit. Ich wollte meinen Teil dazu beitragen, ganz direkt und aktiv. Ich hatte schon immer gern Verantwortung übernommen, als Klassensprecherin in der Schule, in der Jugendarbeit meines Sportvereins. Ich schlichtete Streit, organisierte und vermittelte. Für mich war klar, dass die Polizei in einem erwachsenen Sinn genauso dafür sorgt, dass alles in Ordnung ist.

Als ich in Erwägung zog, diesen Beruf zu ergreifen, besuchte ich zahlreiche Berufsmessen und Tage der offenen Tür bei verschiedenen Polizeidienststellen. Auf solchen Veranstaltungen wird meist Positives hervorgehoben, anstatt Nachteile oder gar die Schwächen der Polizei zu benennen. Besonders betont werden die Verbeamtung und die gute Besoldung, außerdem, welche Spezialeinheiten den Beruf besonders spannend machen. »Werde Teil der #Bundespolizeifamilie. Du schützt nicht nur Dein Land. Du schützt die Menschen.«[1] Mit diesen Worten wirbt die Bundespolizei auf ihrer Webseite um neue Anwärter:innen. Auch mir erschien der Beruf sinnvoll: viel Bewegung, Abwechslung, Menschen unterstützen und schwierige Situationen lösen. Ich mochte klare Strukturen und Sicherheit. Gemeinschaftliche Regeln hatten mir in der Vergangenheit Orientierung gegeben und mich nicht gestört.

Bei meinen Lehrer:innen und Mitschüler:innen traf mein Berufswunsch auf Zuspruch. Ich war für sie die geborene Gerechtigkeitshüterin, die sich gerne für andere einsetzt. Aber es gab auch andere Stimmen. Unser Jugendwart im Sportverein etwa war politisch umfassend gebildet und hatte starke Überzeugungen. Ich weiß noch, wie vehement er versuchte, mich von meiner Bewerbung bei der Polizei abzuhalten. Ich erinnere mich daran, wie unwohl ich mich gefühlt habe, wenn er wieder einmal mit mir darüber sprechen wollte. Er brach regelrecht in Verzweiflung aus, wenn ich keine Antworten auf seine besorgten und kritischen Fragen wusste. Damals hatte ich auch keine, weil ich mir über einen möglichen Konflikt gar keine Gedanken machte. Ich sorgte mich nicht, ich sah die Polizei nicht kritisch, ganz im Gegenteil! Für mich fühlte sich diese Entscheidung richtig an, und in dieser Überzeugung wollte ich nicht gestört werden. Ich erinnere mich noch genau an den Moment, als ich die Zusage zur Einstellung bei der Bundespolizei erhielt und das erste Mal eine Uniform trug. Ich war unheimlich stolz.

Freund und Helfer

Und zunächst gefiel es mir bei der Polizei – der Bundespolizei – sehr gut. Wir hatten tolle Ausbilder:innen, die keinen großen Wert auf militärische Erziehung legten. Meine Klassenzuggemeinschaft war vielfältig gemischt, mit jungen Männern und Frauen, die gerade ihr Abitur abgeschlossen hatten, und polizeiinternen Aufsteigern, die über mehr Lebenserfahrung verfügten. Diese Mischung funktionierte gut, und wir ergänzten uns und bewältigten die Herausforderungen unseres Studiums immer als Team. Wir lehrten die Älteren das Lernen neu, sie trugen uns dafür samt Stiefeln zurück zur Kaserne, wenn wir nach langen Ausdauerläufen nicht mehr konnten.

Zu Beginn der praktischen Ausbildung war es üblich, dass Vertreter:innen von Polizeigewerkschaften und -versicherungen in die Kasernen eingeladen wurden. Werbegeschenke und Rabatte für Fitnessstudios oder Amazon sollten den Anwärterinnen und Anwärtern eine Mitgliedschaft in der Gewerkschaft und den Abschluss von Versicherungen schmackhaft machen. Als ich einige Jahre und einige Weihnachtspräsente später meine Mitgliedschaft bei der Gewerkschaft der Polizei kündigte und ein ehrliches Feedback hinterließ, erhielt ich einen Anruf von einem Mitarbeiter der Gewerkschaft. Es war ein angenehmes Telefonat, in dem er bedauerte, aber auch bekräftigte, dass man so eben Politik mache. Die Menschen seien nicht an Inhalten interessiert, deswegen entschied man sich dafür, überzeugende Konsumartikel gegen politisches Stimmgewicht einzutauschen. Ich war also jahrelang Mitglied einer Polizeigewerkschaft und ließ ihre Gremien für mich Politik machen, ohne überhaupt zu wissen, was für eine Politik das war.

Die Studieninhalte bei der Bundespolizei sind umfassend, vor allem die Inhalte aus dem Unterricht zur Führungslehre sind mir als sehr zukunftsorientiert in Erinnerung. Im Gegensatz zu einigen Dienststellen, die ich später kennenlernen sollte, wurde hier ein kooperativer Führungsstil vorangetrieben und ein modernes Leitbild ziemlich konsequent umgesetzt. Mitarbeiter:innenbeteiligung, Transparenz, Kommunikation, Anerkennung – der kooperative Führungsstil zielt darauf ab, das Potenzial der Mitarbeiter:innen optimal zu nutzen und ein Arbeitsumfeld zu schaffen, in dem sie sich wertgeschätzt und motiviert fühlen. Damit sollte dem gesellschaftlichen Wertewandel auch innerhalb der Polizei Rechnung getragen werden.

Ich habe viele positive Erinnerungen an meine Ausbildungszeit, nie dachte ich: »*Ich muss hier weg.*« Es wurde viel dafür getan, um uns die Zeit angenehm zu gestalten. Wir wurden gut besoldet, mussten keine Miete oder Krankenversicherung zahlen. Es wurden spannende Aktionen organisiert, wie Hubschrauberflüge oder Wanderausflüge zum Trainingszentrum in den Bergen, um den Teamgeist zu stärken.

Während meiner Praktika und aus den Erzählungen anderer erfuhr ich, dass die Bundespolizei viele Dienststellen hat, wo nicht viel los ist oder wo sich die Aufgabenwahrnehmung eher sinnlos anfühlt. Einige Kolleg:innen kündigten schon während des Studiums, weil es ihnen beispielsweise zu langweilig wurde, am Flughafen hinter den Monitoren der automatischen Grenzkontrolle zu sitzen. Viele merkten, dass die große PR-Offensive mit Diensthunden und Hubschrauberflügen nicht der Realität entsprach, was sie enttäuschte. Nicht jede:r landet bei der GSG 9.

Ich hingegen hatte während meiner Praktika stets großes Glück, auf motivierte und offene Dienstgruppen zu treffen. Mit einigen sogenannten Bärenführer:innen – während der Praktika zugeteilte Streifenpartner:innen – habe ich auch nach langen Jahren noch Kontakt. Ich nahm die Eindrücke der anderen zwar auf, erlebte selbst aber kaum Negatives und wollte mir außerdem mein eigenes Bild von meinen zukünftigen Dienststellen machen.

Nach meinem Studium wurde ich nach Süddeutschland versetzt, weit entfernt von meinem Freundeskreis und meiner Familie, von allem, was mein Leben bis zu diesem Moment ausgemacht hatte. Eine dienstliche Verwendung weit weg der Heimat ist bei der Bundespolizei durchaus üblich und keine Überraschung. Ich versuchte, mich an die Umstände anzupassen, ohne die Gründe dafür zu hinterfragen, und begann, mich zu integrieren und meine neue Umgebung zu akzeptieren. Dennoch sehnte ich mich recht bald nach Familie und Freund:innen. Ich fühlte mich wie jemand, der zu Besuch war. Ich konnte nicht ankommen. Dieser innere Konflikt machte mir zu schaffen, doch noch versuchte ich, ihn zu verdrängen, und glaubte an meine neue Aufgabe.

Mein Einsatzort war ein Flughafen in Bayern. Die Bundespolizei kümmert sich an Flughäfen um verschiedene Aufgaben, die die Sicherheit des Luftverkehrs und der Grenzen gewährleisten sollen. Zu den Hauptaufgaben gehört der Schutz vor Angriffen auf die Sicherheit der zivilen Luftfahrt.

Außerdem die Pass- und Grenzkontrolle, bei der darauf geachtet wird, dass alle Ein- und Ausreisebestimmungen eingehalten werden.

»Wir schaffen das«

»Illegale Migration« – ein merkwürdiger Begriff meiner Meinung nach, weil er das Streben nach einem besseren, menschenwürdigen Leben mit einer kriminellen Absicht verbindet – ist eigentlich nur ein kleiner Bestandteil unserer Aufgaben. Anfangs war ich einfache Beamtin, lief Streife und führte die Grenzkontrolle der Ein- und Ausreise durch. Gerade unter den jungen Beamtinnen und Beamten entstand ein regelrechter Wettstreit um »Nummern«, wie wir es nannten. Am Ende eines Jahres waren die Vorgangsnummern von Straftaten und Fahndungserfolgen oft ausschlaggebend für die Gewährung von Leistungsprämien – und schließlich unser Beitrag zur Sicherheit unseres Landes und der Menschen darin. Der Gesetzgeber sieht nun einmal vor, dass ein unerlaubter Aufenthalt von einem Tag in Deutschland bereits als Straftat zählt. Tourist:innen, die versehentlich ihr Visum überziehen, sind also erst einmal kriminell. Sie werden Vernehmungen unterzogen und müssen in der Regel eine Strafe bezahlen, die für die Durchführung des Verfahrens anfällt. Ich gehörte zu den Fleißigsten, wenngleich mich zunehmend das Gefühl beschlich, dass mein Verständnis von Sicherheit ein anderes als das war, für welches ich täglich den Dienst antrat. Für mich fühlte sich dieses Vorgehen oft unverhältnismäßig an.

Aus diesem Gefühl einer kognitiven Dissonanz – der Unstimmigkeit zwischen meinen Überzeugungen und meinem

Verhalten – folgte jedoch zunächst keine tiefere Kritik oder eine Beschäftigung mit den Ursachen und gesellschaftlichen Zusammenhängen. Das kam erst später. Mit gerade einmal Anfang 20 war ich eine junge Frau, die sich mit Ehrgeiz und Engagement in das Berufsleben stürzte. Ich suchte die Abwechslung und immer neue Herausforderungen und landete dabei in immer fragwürdigeren Situationen.

Ab 2015, dem Jahr der großen »Flüchtlingskrise« – noch so ein unglückliches Wort – und der einhergehenden Diskussion um Geflüchtete, wurde Migration ein zunehmender Teil meiner täglichen Arbeit. Mein Blick auf die Polizei und meine Rolle darin begann sich mehr und mehr zu verändern. Viele Sicherheitsaufgaben, denen wir nachgingen, erschienen mir sinnlos. Ich stellte mir immer mehr die Frage, was genau ich eigentlich tat, und grübelte endlos darüber, wenn ich abends im Bett lag.

Eine Zeit lang war ich auch Teil der trinationalen Streifen. Wir bildeten Dreierstreifen mit deutscher, österreichischer und italienischer Beteiligung. Vereinfacht gesagt, fuhren meine italienischen und österreichischen Kolleg:innen und ich von Trento, Italien, Richtung Deutschland, um die Züge zu kontrollieren und uns gegenseitig zu beraten. An den jeweiligen Ländergrenzen stiegen die Kolleg:innen aus, und ich fuhr weiter zurück nach Bayern.

2015 waren die Züge überfüllt mit schutzsuchenden Menschen. Unser Ziel war es, die Koordination zwischen den Ländern durch unsere Kontrollen und Meldungen zu gewährleisten. Das funktionierte eine Weile, doch irgendwann nicht mehr. Manchmal ließ die italienische *Polizia di Stato* die Flüchtenden bei einem Zwischenstopp am Brenner für eine Aufnahme in Italien vorne aussteigen, während die *Carabinieri* – die italienische Gendarmerie und Militärpolizei – sie hinten wieder einsteigen ließen, damit sie weiter nach

Deutschland fahren konnten. Diese Situation war lehrreich für mich, da ich in ihr die ganze Absurdität unseres gesamteuropäischen Umgangs mit Geflüchteten beobachten konnte. Für unsere Streifen waren diese Einsätze herausfordernd, wir fühlten uns oft sehr unter Druck gesetzt – durch unsere jeweiligen Leitstellen, die Presse und die Menschen, die sich an uns wandten und forderten, nicht nur Schwarze zu kontrollieren, weil sie Rassismus befürchteten. Andere forderten genau das Gegenteil aus Angst vor ›den Fremden‹. Und dann waren da noch die Geflüchteten selbst, die ohnmächtig akzeptieren mussten, wie mit ihnen umgegangen und wie über sie entschieden wurde.

Im September 2015 eskalierte die Situation. In kürzester Zeit kamen Zehntausende geflüchtete Menschen am Münchner Hauptbahnhof an, allein am 6. September waren es 13 000. Ich war dort währenddessen als Bundespolizistin eingesetzt und fand mich den Leidtragenden von ungelösten globalen Problemen und Aufgaben gegenüber. Da waren die Züge voller Geflüchteter, hinter denen unglaubliche Strapazen, nicht selten Krieg und Verfolgung lagen. Manche hatten die Fahrt über das Mittelmeer nur knapp überlebt, andere hatten gesehen, wie Boote gekentert und Menschen ertrunken waren. Viele hatten ihre Kinder verloren. Gruppen von Schutzsuchenden mit verbrannten Gesichtern und halb verhungerten Kindern kamen an.

Die Hilfsbereitschaft der Stadt beeindruckte damals die ganze Welt. »Wir werden dafür sorgen, dass die Menschen, so lange sie in München sind, menschenwürdig behandelt werden«[2], betonte Oberbürgermeister Reiter laut *Süddeutscher Zeitung* vom 30. August 2020, und die klangvolle Botschaft »Wir schaffen das!« füllte die Bahnhofshallen. Und gemeinsam schafften wir es – Münchnerinnen und Münchner brachten Kleidung, Kuscheltiere und riesige Töpfe mit gekochtem Reis, wir verteilten Fladenbrot, Pflaster und Decken, spendeten Trost und Aufmunterung. Viele Tausende Menschen mit und ohne Uniform hielten zusammen und schenkten Menschen aus Syrien, Afghanistan und dem Irak das Gefühl von Sicherheit. München bewies bedingungslose und aufopfernde Flexibilität und Bereitschaft, als es darauf ankam. Die Münchner Elite, die vom gegenüberliegenden Ende des Bahnhofs zum alljährlichen Oktoberfest schlenderte, und ein paar wenige rechte Demonstrant:innen bildeten den denkbar größten, aber verschwindenden Kontrast zu diesem bewegenden Chaos.

Was Münchens Zivilgesellschaft in dieser Situation Hand in Hand gelang, vermochten die europäischen Regierungen in den folgenden Jahren nicht zu meistern. Insbesondere der ungarische Ministerpräsident Viktor Orbán verfolgte eine harte Anti-Einwanderungspolitik. In Polen und Tschechien gab es ebenfalls Widerstände gegen EU-Vorschläge zur Aufnahme von Geflüchteten und zur Solidarität in der Migrationspolitik. Die Verfolgung nationalstaatlicher Interessen sei notwendig, um die nationale Sicherheit zu gewährleisten und die kulturelle Homogenität des Landes zu bewahren. Ungarn, Polen und Tschechien wurden innerhalb der EU zunehmend für autoritäre Tendenzen kritisiert. Neben der Flüchtlingspolitik lag das an Maßnahmen wie der Einschränkung der Pressefreiheit, Angriffen auf die Unabhängigkeit der Justiz, der Einführung restriktiver Gesetze gegen zivilgesellschaftliche Organisationen sowie der Konzentration von politischer Macht in den Händen weniger. Nur wenige Jahre später sah sich auch Deutschland solchen Vorwürfen gegenüber.

Als ich nicht mehr nur als Streifenbeamtin, sondern auch in der Führungsgruppe meiner Inspektion tätig war, musste ich zahlreiche Abschiebungen und andere Rückführungen innerhalb der EU und in Drittstaaten organisieren. Unsere Möglichkeiten, Einfluss auf den Ablauf dieser Rückführungen zu nehmen, um sie menschlicher zu gestalten, wurden immer geringer, je mehr Menschen von diesen Maßnahmen betroffen waren.

Gleichzeitig entwickelte sich gegenüber Geflüchteten in der Gesellschaft immer mehr ein Feindbild, welches nach meinem Empfinden innerhalb der Polizei noch verstärkt auftrat. Ich hingegen machte mir immer mehr Gedanken und führte Streitgespräche mit Kolleg:innen und anderen Menschen. Es wurde viel über Geflüchtete geschimpft, die versuchten, in verschiedenen Staaten Fuß zu fassen. Es war erschreckend, wie abwertend über diese Menschen gesprochen wurde. Viele betrachteten sie als junge Männer, die aus Egoismus ihre Pässe wegwerfen und den Deutschen die Arbeit wegnehmen würden, empfanden sie als Gefahr für unsere Sicherheit, als Schmarotzer. Sie sahen nicht die Menschen, die nach Sicherheit suchten und manchmal verzweifelt genug waren, um ihre Pässe wegzuwerfen, weil das eine Möglichkeit ist, ihre Chancen auf einen Verbleib in Europa zu erhöhen. Wenn nicht klar ist, woher sie kommen, können sie auch nicht abgeschoben werden.

Ich hörte so oft, dass es »dort« ja nicht so schlimm sein kann, wenn nur die Männer zu uns kommen, die dann sogar noch Smartphones besitzen. *So* wurde über Männer gesprochen, die ihren Frauen und Kindern die gefährliche – und nicht selten lebensgefährliche – Flucht ersparen wollten und auf eine nachträgliche Familienzusammenführung im sicheren Europa hofften. Deren Handys ihre einzige Verbindung zu ihren Familien waren und die wir ihnen oft per Beschlagnahme und für Ermittlungszwecke wegnahmen.

2018 war ich mitverantwortlich für die Planung und Organisation einer Sammelabschiebung nach Afghanistan. Die Maßnahme wurde so kurzfristig angekündigt und organisiert, dass viele meiner Kolleginnen und Kollegen sie direkt aus der Schicht heraus begleiteten und einige vergaßen, sich ein Brot zu schmieren. Kolleginnen aus meiner alten Dienstgruppe erzählten später von bewegenden Erfahrungen, als die abgeschobenen afghanischen Staatsangehörigen mit den begleitenden Beamt:innen ihr Essen teilten. Mir wurde außerdem berichtet, dass einer der abgeschobenen Menschen aus Hoffnungslosigkeit unmittelbar nach Ankunft in Afghanistan Suizid begangen habe. Aus Regierungskreisen hieß es damals, dass es sich bei den afghanischen Staatsangehörigen ausschließlich um Straftäter:innen handelte. Der damalige Bundesinnenminister Seehofer freute sich öffentlich und sagte: »Ausgerechnet an meinem 69. Geburtstag sind 69 – das war von mir nicht so bestellt – Personen nach Afghanistan zurückgeführt worden.«[3]

Eine Panorama-Recherche brachte zu dieser Abschiebung später Fakten ans Licht, die das Narrativ abgeschobener Krimineller heftig ins Wanken brachte, aber wohl weitaus weniger mediale Aufmerksamkeit erntete, als die Berichterstattung rund um die Abschiebung selbst. Es handelte sich keinesfalls um Straftäter:innen, sondern um viele bestens integrierte Menschen. Sie sprachen gut Deutsch und hatten Ausbildungsverträge, brauchten keine staatliche Unterstützung. Einige der Abgeschobenen konnten später nach Deutschland zurückkehren – weil Deutschland in einigen Mangelberufen dringend auf Fachkräfte aus dem Ausland angewiesen ist. In Deutschland sind das vor allem Gesundheits- und Pflege- sowie Handwerksberufe. Bevor sie nach

Deutschland zurückkehren konnten, mussten sie die Kosten für ihre Abschiebung in Höhe von mehreren Tausend Euro begleichen. Ehrenamtliche und Spenderinnen und Spender aus Deutschland unterstützten sie dabei.[4]

Ich muss oft über solche Situationen nachdenken, wenn über den Begriff »Deportation« gesprochen wird. Ist den Wähler:innen in Deutschland klar, dass Mütter und Väter wie wir mit ihren Kindern nachts aus dem Schlaf gerissen werden und binnen weniger Stunden im Flugzeug in ein Herkunftsland sitzen, aus dem sie geflohen sind, weil dort ein menschenwürdiges Leben oder Überleben für sie nicht möglich ist? In ein Land, das ihnen fremd ist und dessen Sprache einige Kinder nicht einmal sprechen, während ihre Spielzeuge, Freund:innen, ihre Schulen und all ihre Hoffnungen und Träume zurückbleiben müssen? Es belastete mich, diese Schicksale mitzuerleben und unmittelbar zu ihnen beizutragen. Nach Afghanistan wurde weiter abgeschoben, auch als 2021 die Taliban erstarkten.

Noch im Rückblick entsetzt es mich, wie stark einflussreiche Politiker:innen mit falschen Feindbildern arbeiteten und wie sehr sich unsere Gesellschaft davon treiben ließ. Nicht die Geflüchteten sind unsere Gegner:innen, doch über die Ursachen für ihre Flucht und die tatsächlichen Gefahren für unsere und andere Gesellschaften wurde in den Medien und in den politischen Diskussionen – wenn überhaupt – nur am Rande gesprochen. Ich, die die Realität der Folgen dieser Feindbilder jeden Tag miterlebte, fühlte Wut und Ohnmacht zugleich.

Diese und ähnlich gelagerte Situationen brachten mich immer wieder an den kritischen Punkt zwischen Wahrnehmung und Verdrängung. Ich erlebte, dass der emotionale Stress seinen Tribut forderte, und zwar mehr und mehr. Ich schlief schlechter, war oft krank, fühlte mich antriebslos und niedergeschlagen. Mir ging es seelisch und körperlich zunehmend schlechter, darüber hinaus isolierte ich mich von mir nahestehenden Menschen, weil ihre Sorge mich zusätzlich belastete. Immer mehr wurde mir bewusst, dass mein reales Leben weit entfernt von meinem Verständnis von Gesellschaft war. Es fiel mir schwer, zu verstehen und zu akzeptieren, was für eine Welt wir uns da gebaut hatten, und noch schwerer fiel es mir zu verstehen, warum so wenige etwas dagegen unternahmen.

Rückblickend stellte ich an mir selbst ein Phänomen fest, welches ich auch immer wieder bei vielen anderen Menschen in meinem Umfeld beobachte. Je mehr sich mir die Wahrheit aufdrängte, desto weniger konnte ich sie an mich heranlassen. Vielleicht spielte auch eine Rolle, dass ich nicht erkennen oder akzeptieren konnte, dass mein Weltbild grundlegend erschüttert wurde. Ich hatte so viel guten Glauben in meinen Beruf und in die Gesellschaft insgesamt gesteckt, dass jeder Zweifel daran in mir ein schlechtes Gewissen auslöste. Würde ich mich dem Zweifel hingeben, drohte noch ein viel schlimmeres Gefühl – gescheitert zu sein. Stattdessen fing ich an, die Fehler immer öfter bei mir und weniger in den äußeren Umständen zu suchen. Eine Zeit lang grübelte ich sogar darüber nach, ob ich unter einer bipolaren Störung litt. Tatsächlich setzte ich niederschmetternden Phasen immer öfter Kompensationsmittel wie aufputschende Erlebnisse, aber auch fett- und zuckerhaltige Ernährung, Alkohol und Zigaretten entgegen – ein zunehmendes Auf und Ab zwischen kurzfristigem Glück und dem Boden der Tatsachen, der mich immer wieder einholte. Meine hohe Sensibilität verstärkte die Extreme.

Während einer Phase extremer Belastung, die zu Symptomen eines Burn-outs, in meinem Fall einer Gürtelrose, führte, erhielt ich eine dreiwöchige Krankschreibung. Es war immer klarer, dass ich eine Veränderung brauchte. Als ich in den Dienst zurückkehrte, fand ich mich nach wie vor überlastet auf eigene Initiative bei meinem Vorgesetzten wieder. Er half mir sofort. Inmitten der Pandemie verbrachte ein Sozialberater der Bundespolizei Stunden damit, meine Situation mit mir zu besprechen. Mein Vorgesetzter hatte den Anruf für mich übernommen.

Als ich mit dem Berater über meine Erfahrungen sprach, versicherte er mir, dass all meine emotionalen Kämpfe relevant seien und nicht abgetan werden sollten. Er riet mir, meine Gefühle, die sich seit Jahren ihren Weg zu bahnen versuchten, nicht zu ignorieren.

Diese Erkenntnis verlagerte meinen Fokus darauf, meine emotionalen Bedürfnisse zu verstehen und anzugehen. Das Gespräch markiert bis heute den rückblickend wichtigsten Wendepunkt in meinem Leben. Es setzte einen tiefgreifenden Erkenntnisprozess in mir in Gang, der sich über die folgenden Jahre fortsetzte und zu einer Veränderung meines Blicks auf die Welt und meiner Rolle darin führte.

Dabei ging es nicht nur um die Bundespolizei; ich erkannte auch die Dynamiken, die meinen Beziehungen zu anderen Menschen zugrunde lagen. Mir wurde klar, dass meine Handlungen oft von einem Wunsch nach Harmonie angetrieben wurden, anstatt von klaren und selbstbestimmten Entscheidungen. Meine Bedürfnisse zu opfern, um den beruflichen oder zwischenmenschlichen Frieden zu bewahren, schien befriedigend, war aber letztlich nur ein flüchtiges Glücksgefühl. Ich erkannte mehr und mehr, dass wahre Zufriedenheit daraus resultiert, authentisch zu sein und sich nicht nur anzupassen.

Dank der Ermutigung des Sozialberaters schaffte ich es, den Blick auf meinen inneren Konflikt zu lenken und ihn genau zu betrachten. Und entgegen der schlimmsten Befürchtungen war dies ein unbeschreiblich entlastender Moment. Ab diesem Augenblick begann ich, Verantwortung für mich selbst zu übernehmen. Ich machte einen Schlussstrich unter die Zeit in Süddeutschland und kehrte nur wenige Monate später nach Hause zurück.

Trotz der vielen Herausforderungen hatte meine Zeit in Bayern mich mit positiven menschlichen Verbindungen, wertvollen Lektionen und der Anerkennung meiner Stärken bei der Bundespolizei bedacht. Ich war gezielt gefördert worden, hatte schnell Fortschritte gemacht, Beförderungen und Anerkennung erhalten. Ich war immer in meinen Erfahrungen bestärkt und dazu ermutigt worden, den Status quo zu hinterfragen und Eigeninitiative zu ergreifen. In der Führungsgruppe hatte ich auf Initiative der Inspektionsleitung eine Funktion erhalten, in der ich mich für die Weiterentwicklung der Dienststelle einsetzen konnte. Ich habe mich immer gesehen und geschätzt gefühlt, und als ich den Süden verließ, tat ich das nicht ohne eine tiefe Traurigkeit über diesen Verlust.

Die Menschenwürde ist antastbar

Nachdem ich mich über sieben Jahre oft fremd gefühlt hatte, zog ich im Herbst 2020 nach Norddeutschland um. Ich wohnte vorübergehend bei meiner Schwester. Mitten in einer Phase der extremen sozialen Isolation während der Coronapandemie saßen wir gemeinsam in einem Online-Treffen einer Gruppe, in der sie sich ehrenamtlich für Bildungs- und Vernetzungsarbeit zu einer Kreislaufwirtschaft nach dem Cradle-to-Cradle-Prinzip engagierte. Ich war sehr verunsichert und fühlte mich fehl am Platz.

Ich hatte von der Klimakatastrophe schon öfter gehört und ein paar persönliche Maßnahmen ergriffen, zu mehr fühlte ich mich aber nicht in der Lage. Meiner Einschätzung nach brauchte es für alles darüber hinaus Menschen mit mehr Wissen als das einer Polizistin, vor allem im naturwissenschaftlichen Bereich. Ich hatte nicht die geringste Ahnung, was es mit Begriffen wie regenerative Landwirtschaft oder CO_2-Bilanz auf sich hatte.

Wider Erwarten dauerte es nicht lange, bis ich mich in der Runde wohl und sogar sehr willkommen fühlte. Prompt erntete ich viel Zustimmung und Ermutigung, als ich vorschlug, für die Gruppe einen Social Media Account einzurichten. Indem ich die Verantwortung für den Account übernahm und ihn mit Inhalten aus der Gruppe füllte, erfuhr ich mehr und mehr erschreckende Fakten über die gegenwärtige Lage unserer Welt.

Ich war schockiert, als ich vom pazifischen Müllstrudel erfuhr, einer drei Millionen Tonnen schweren Plastikinsel zwischen Hawaii, dem amerikanischen Festland und Asien, die so groß ist wie Mitteleuropa. Ich lernte, dass die atmosphärischen Kohlendioxidwerte in der letzten Eiszeit bei 180 parts per million (ppm) lagen. Heute liegen die Kohlendio xidwerte bei 400 ppm, und es ist etwa 6 Grad wärmer. Mir wurde bewusst, was für ein extremer Unterschied durch eine Erwärmung um nur wenige Grad verursacht wurde, als ich erfuhr, dass vor 20 000 Jahren bei einer 6 Grad geringeren globalen Mitteltemperatur weite Teile der Nordhalbkugel von Gletschern bedeckt waren. Was wird dann passieren, wenn sie im Vergleich zu heute um nur drei weitere Grad innerhalb von 50 Jahren zunimmt?[5] Von Februar 2023 bis Januar 2024 war das globale Mittel einer 12-Monats-Periode erstmals 1,5 Grad wärmer als zur vorindustriellen Zeit.[6]

Mit meinem wachsenden Wissen entwickelte sich auch

mein Selbstbewusstsein. Ich traute mir immer mehr zu und wurde einige Monate später Sprecherin der regionalen Gruppe, organisierte Podiumsdiskussionen, Politiker:innengespräche und Schulworkshops.

Der rebellische Geist in mir sollte aber erst wirklich an Fahrt aufnehmen, als ich den starken Kontrast zwischen meiner alten und meiner neuen Dienststelle auf beruflicher und persönlicher Ebene beobachtete. Mein neuer Dienstort war ein Revier der Bundespolizei in Norddeutschland. Das Revier gehört neben zwei anderen zu einer Bundespolizeiinspektion, diese ist wiederum einer Bundespolizeidirektion unterstellt, über der dann noch das Bundespolizeipräsidium und schließlich das Bundesinnenministerium stehen.

Während die Dienststelle im Süden trotz aller Probleme von Fortschrittlichkeit und starken zwischenmenschlichen Beziehungen geprägt war, wirkte mein neuer Dienstort im Norden auf mich wie aus einem anderen Jahrzehnt. Hier, in der ehemaligen DDR, tickten die Uhren anders. Am Anfang wunderte ich mich nur, warum einfache Dinge nicht funktionierten. Veraltete Konzepte machten die Arbeit mühsam, und insgesamt schienen mir die Kolleg:innen weniger motiviert. Viele waren desillusioniert oder resigniert. Zwar ignorierte ich die Kolleg:innen nicht, die als Grund für den dringend reformbedürftigen Zustand der Dienststelle immer wieder Konflikte zwischen leitenden und ausführenden Ebenen benannten und ihre Schilderungen durch Bezeichnungen wie »Brot und Spiele« oder »StaSi 2.0« untermalten, doch ein weiteres Mal wollte ich mir mein eigenes Bild machen.

Mein Aufgabenbereich war nun noch grenzpolizeilicher geprägt, und wieder gab es zahlreiche herausfordernde Situationen, insbesondere in Bezug auf Geflüchtete. Ich sollte bald feststellen, dass das autoritäre Verhalten einiger Vorgesetzter diese Situationen für viele Beamtinnen und Beamte noch erschwerte.

Viele Geflüchtete, die 2015 nach Deutschland und Skandinavien gereist waren, kehrten nun aus Skandinavien nach Deutschland zurück. Jahre nach der »Flüchtlingskrise« von 2015 waren wir entfernter denn je von einer gesamteuropäischen Migrationspolitik, und sowohl Deutschland als auch die skandinavischen Länder griffen nun ebenfalls zu nationalstaatlichen »Lösungen«. Anfangs hatte man Schutzsuchende in Skandinavien mit größerer Akzeptanz aufgenommen, nun aber wurden immer mehr von ihnen aus- oder abgewiesen. Wir erfuhren von ihnen, dass ihnen mit Aushändigung der Ausweisungsverfügung jegliche Mittel verwehrt wurden. Kein Geld, keine Unterkunft. Dies betraf eine Vielzahl von Menschen, einschließlich afghanische Staatsangehörige. Wie sollte eine achtköpfige Familie mit nichts als einer Ausweisungsverfügung in der Hand die Möglichkeit haben, nach Afghanistan zurückzukehren? Warum sollten sie nach Afghanistan zurückkehren, wo der Abzug von US- und NATO-Truppen vorbereitet wurde und die Taliban unübersehbar erstarkten? Folglich sah ich mich – dieses Mal an der norddeutschen Grenze – gemeinsam mit meinen Kolleginnen und Kollegen wieder einer Menge schutzsuchender Menschen gegenüber. Die Fähren aus Dänemark und Schweden waren voll. Aufgrund des dysfunktionalen europäischen Flüchtlingssystems und der Wiedereinführung nationaler Vorschriften erlebten wir Situationen, in denen sich Flüchtende zum fünften Mal auf der Fähre befanden, da es keine lösungsorientierte Zuständigkeit gab und sie durch die jeweiligen Grenzpolizeien immer wieder hin- und hergeschickt wurden. Ein regelrechtes Pingpong-Spiel. Pushbacks innerhalb von Europa. Immer wieder strandeten Menschen bei uns, die nur einen Wunsch hatten: ankommen.

Absurderweise erfüllen diese Menschen mit dem Moment des Grenzübertrittes in Deutschland oft drei Straftatbestände – unerlaubte Einreise ohne Pass, ohne Aufenthaltstitel und unerlaubter Aufenthalt –, für die finanzielle Sicherstellung der Strafverfahren mussten sie grundsätzlich selbst aufkommen. Wir leiteten sogar gegen Väter Strafverfahren wegen Schleusung ein – weil sie die Tickets für ihre Familie gekauft hatten.

Ich war tief in diese Situation involviert, und in diesem Moment grenzenloser Absurdität wurden mir die widersprüchlichen Dynamiken unserer Gesellschaft endgültig bewusst. Für mich gab es nun eindeutige Beweise dafür, dass die Strukturen, in denen ich arbeitete und die ich repräsentierte, nicht stimmten, während die Menschen, die den Härten dieses Systems am stärksten ausgesetzt sind, nämlich die Abgeschobenen, selbst dann noch menschliche Werte wie das Teilen von Essen nicht vergaßen und sich solidarisch zeigten.

Ab jetzt konnte ich nicht mehr wegsehen und begann, nach den Ursachen zu fragen. Wie kam es zu solchen Situationen? Wie konnte man sie verhindern?

Besonders schockierend habe ich eine Situation in Erinnerung, in der die Mutter und die große Schwester einer mehrköpfigen Familie sich das Leben nehmen wollten, nachdem sie von der erneuten Rückführung nach Schweden erfahren hatten. Die Reaktion der entscheidenden Beamten brachte mich auf. Sie beschlossen, die beiden Frauen in eine Klinik einzuweisen, während der Vater mit den übrigen Kindern dennoch nach Schweden zurückgeschickt wurde. Ich protestierte gegen die Maßnahmen und hielt ihnen vor, dass ein solches Vorgehen nicht mit den gesetzlichen Vorgaben für die Polizei in Einklang zu bringen sei – ich remonstrierte. Aber es änderte nichts. Diese und ähnliche Situationen waren kaum zu ertragen, weder für mich noch für viele andere auf der Wache.

Die Remonstrationspflicht findet sich in § 63 BBG und beschreibt die rechtliche Verpflichtung für Beamtinnen und Beamte, Bedenken gegen dienstliche Anordnungen, die sie für rechtswidrig halten, bei Vorgesetzten zu äußern. Wenn die Anordnung aufrechterhalten wird, müssen sie sich an den oder die nächste:n Vorgesetzte:n wenden. Wird die Anordnung daraufhin nochmals bestätigt, müssen Beamtinnen und Beamte folgen, außer wenn sie mit ihrem aufgetragenen Verhalten die Würde des Menschen verletzen oder eine Straftat oder Ordnungswidrigkeit begehen würden. Die Remonstrationspflicht sichert somit einerseits die Rechtmäßigkeit des Verwaltungshandelns und dient andererseits dem Schutz der Beamtinnen und Beamten vor rechtswidrigen Weisungen. Jeder Beamte, jede Beamtin muss so anhand des eigenen Gewissens und der Kenntnisse des Grundgesetzes entscheiden, ob eine Weisung umgesetzt wird, und hat die Pflicht, zu widersprechen, wenn zu erkennen ist, dass dies nicht der Fall ist. Eine Anordnung ist nicht deshalb rechtmäßig, weil sie von einer bestimmten Stelle kommt, sondern weil sie im Einklang mit dem Gesetz ist.

Im Spätsommer 2021 verschärfte sich die Situation noch einmal drastisch, als der belarussische Machthaber Lukaschenko flüchtende Menschen aus vielen verschiedenen Ländern zu Druckmitteln machte, um die gegen Weißrussland verhängten Sanktionen der EU loszuwerden, und etliche Flüchtende an die Grenze der EU bringen ließ.

Es gab Schichtwechsel, zu denen ich noch vor Dienstantritt traumatisierte und frierende Menschen ins Warme brachte, denen andere Kolleg:innen auf Weisung der Führungskräfte wegen der Ansteckungsgefahr mit Covid-19 jeglichen Zutritt zu unserem Gebäude untersagt hatten. Ich sorgte mit meiner Dienstgruppe oft auf eigene Kosten dafür, dass sie alle etwas zu essen und ein paar Decken bekamen, wir durchwühlten unsere Spinde nach Kleidung und ließen die Dienstwagen warmlaufen – wenig genug angesichts der Brutalität des Systems, dem sie sich gegenübersahen und das ich als Bundespolizistin repräsentierte.

Diese Sinnlosigkeit und die alarmierenden Situationen ließen mich mehr und mehr erkennen: Dies entspricht nicht meinem Gerechtigkeitsempfinden oder meinen Überzeugungen, Zielen und Werten. Dass junge Kolleginnen und Kollegen von anderen Einsatzeinheiten sich bei mir nach meinem Eingreifen bedankten, weil sie selbst Angst davor hatten, gegen die Anordnungen der Führungskräfte zu handeln, verstärkte meine Zweifel nur.

Ältere Kolleg:innen beschwichtigten uns: »*Ihr werdet auch bald noch abstumpfen, dann kommt das nicht mehr so nah an euch ran.*«

Aber ich fand: Nicht ich war das Problem, sondern das System, in dem ich steckte, die Autoritäten, denen wir folgten. Es ging offenbar nicht um die Zufriedenheit der Mitarbeitenden oder das Funktionieren der wichtigen Abläufe, viele Entscheidungen und Weisungen schienen vielmehr willkürlich. Also fragte ich mich immer öfter, ob man über diese Vorfälle berichten musste, und ich versuchte, andere Kolleginnen und Kollegen zu überzeugen, diese Ereignisse gemeinsam aufzuschreiben.

Es wird vermutet, dass die steigende Zahl von Klimaflüchtlingen uns vor noch größere gesellschaftliche Herausforderungen stellen könnte als die »Flüchtlingskrise« von 2015. Im Jahr 2009 sagte der damalige Hohe Flüchtlingskommissar und heutige Generalsekretär der Vereinten Nationen, António Guterres, voraus, dass der Klimawandel zum Hauptfluchtgrund werden könnte. Obwohl der Klimawandel 2022 bereits über 30 Millionen Menschen weltweit zur Flucht zwang, wird dieses Phänomen bis heute nicht als Fluchtursache anerkannt. Gemäß der Genfer Flüchtlingskonvention gibt es keine Klima- oder Umweltflüchtlinge. Nach dem Völkerrecht ist ein Flüchtling jemand, der wegen Rasse, Religion, Nationalität, Zugehörigkeit zu einer spezifischen sozialen Gruppe oder politischen Überzeugungen verfolgt wird und sein Land verlässt. Personen, die wegen persönlicher oder materieller Notlagen wie Hunger oder Umweltzerstörung fliehen, haben kein völkerrechtliches Recht auf Asyl, solange keine Verfolgung, Unterdrückung oder Krieg in ihrer Heimat herrscht.[7] Sie werden als »Wirtschaftsflüchtlinge« bezeichnet und noch abwertender behandelt als andere schutzsuchende Menschen.

Es entsetzte mich zutiefst, dass auch im Norden Deutschlands vollkommen unzutreffende Feindbilder heraufbeschworen wurden. Ich beobachtete auch hier, wie Kolleg:innen aus Angst vor dienstrechtlichen Konsequenzen davor zurückschreckten, menschliche Entscheidungen zu treffen.

Für mein Verständnis muss es in der gesamten EU, gerade jedoch in Deutschland mit seiner Geschichte, eine bedingungslose Entschlossenheit dabei geben, Systeme zu reformieren oder abzuschaffen, die so etwas hervorbringen können.

Es ist kein Jahrhundert her, als Adolf Hitler Jüdinnen und Juden als eine Bedrohung für die deutsche Nation darstellte. Die Weltwirtschaftskrise hatte damals für Massenarbeitslosigkeit, soziale Spannungen und politische Unzufriedenheit gesorgt. Ein Werk des Kapitalismus, Hitler schaffte jedoch Sündenböcke, indem er jüdische Menschen beschuldigte, die Wirtschaft zu kontrollieren und von der Krise zu profitieren. Er propagierte die Vorstellung eines »arischen« Überlegenheitsgefühls und verbreitete rassistische und antisemitische Ideologien, mit denen er die Unterdrückung, Verfolgung und schließlich den Holocaust rechtfertigen konnte. Niemals wieder.

Den Alltag unterbrechen

Im Grunde fing die Veränderung klein an. Als ich neu in meine Dienstgruppe kam, hatte ich zu Beginn große Bedenken, dass ich nicht ernst genommen werden würde. Immerhin war ich erst 29 Jahre alt, eine Frau und ihnen aufgrund meiner hohen Amtsbezeichnung, die ich mir »im Westen« erarbeitet hatte, vorgesetzt. Doch es kam anders. Wir ließen uns aufeinander ein, und mit Ideen aus meiner Zeit in Bayern und ihrer Erfahrung entfachten wir eine neue Begeisterung für den Dienst. Um uns herum schien alles eingeschlafen, doch in meiner Gruppe erblühte das Leben.

Unsere Amtsbezeichnungen spielten keine Rolle. Wir organisierten uns neu und bauten ein Team auf, das von den unterschiedlichen Interessen und Fähigkeiten von uns allen lebte. Ein erneuter Beweis für mich, was man mit Menschen schaffen kann, wenn man sie schätzt und ermutigt und sich für ihre Stärken interessiert. Sogar die älteren Kolleg:innen trauten sich wieder an Herausforderungen heran, die sie zuvor gemieden hatten.

Diesen Ansatz versuchte ich auch in anderen Bereichen umzusetzen, insbesondere an Schnittstellen zu übergeordneten Ebenen. Es war frustrierend, wie negativ die Rückmeldungen waren. »*Das brauchst du gar nicht erst zu versuchen, dich nimmt hier sowieso niemand ernst*«, hörte ich nur zu oft

Kolleg:innen sagen, und trotzdem setzte ich meinen Weg mit meiner Gruppe fort. Ich schöpfte aus meinem Mut aus Bayern und aus der Erfahrung, dass es immer möglich war, etwas zu verändern. Doch diese Hoffnung sollte bald zerstört werden.

Kurz vor der Bundestagswahl 2021 nahmen die Dinge eine zusätzliche Wendung. Am 30. August begann im Berliner Regierungsviertel ein Hungerstreik. Der Streik dauerte bis zum 25. September und zog eine große Aufmerksamkeit der Medien und der Öffentlichkeit auf sich. Die Hungerstreikenden forderten ein öffentliches Gespräch über die Klimakatastrophe mit den Kandidat:innen um das Bundeskanzler:innenamt. Es ging ihnen auch darum, Menschen in ihrem Alltag zu unterbrechen, sie wachzurütteln und für ein entschiedenes Handeln zu gewinnen.

Und so wurde dieser Hungerstreik für mich zu einem weiteren entscheidenden Wendepunkt in meiner persönlichen Entwicklung. Ich verfolgte die Aktion, oft gemeinsam mit meinen Kolleginnen und Kollegen im Fernsehen auf unserer Polizeiwache, und beobachtete aufmerksam die öffentliche Diskussion. Hin- und hergerissen zwischen Unverständnis, Ablehnung und Neugier gegenüber dieser Form des Protestes wuchs meine Bewunderung für diese Menschen, die im Vergleich zu mir im Einsatz für eine echte und menschliche Gerechtigkeit so viel mehr Konsequenz, Strategie und Mut an den Tag legten.

Für mich war es bis zu diesem Zeitpunkt aufregend genug, ein kurzes Solidaritätsvideo an die Hungerstreikenden zu senden. Ich nahm dafür all meinen Mut zusammen und hoffte, ihnen mit meinem Video Kraft geben zu können. Zunehmend stellte ich mir die existenzielle Frage, ob polizeiliches Handeln tatsächlich die Gerechtigkeit verkörpert, die es für die Bewältigung von Krisen und speziell der Klimakatastrophe braucht, und wo ich in dieser Frage meinen ganz persönlichen Platz finden könnte. Polizistin zu werden, war eine Entscheidung, die auf meinen Werten und meinem Gesellschaftsbild beruhte. Ich hatte das starke Bedürfnis, etwas zu tun, um das Leben für alle in Ordnung zu halten, und mich gegen Gewalt, Ungerechtigkeit und Verbrechen zu engagieren. Doch stattdessen fand ich mich in einer Institution wieder, die nur noch wenig mit meinem Wunsch gemein hatte.

Als ich Hannah Arendts Worte *»Niemand hat das Recht zu gehorchen«* zum ersten Mal las, fühlte ich einen Widerstand in meinem Inneren. Tatsächlich ist das Zitat nicht ganz korrekt, Hannah Arendt sagte 1964 in einem Interview mit Joachim Fest: »Kants ganze Moral läuft doch darauf hinaus, dass jeder Mensch bei jeder Handlung sich selbst überlegen muss, ob die Maxime seines Handelns zum allgemeinen Gesetz werden kann. […] Es ist ja gerade sozusagen das extrem Umgekehrte des Gehorsams! Jeder ist Gesetzgeber. Kein Mensch hat das Recht zu gehorchen bei Kant.«[8]

Das Zitat bezieht sich auf den hochrangigen SS-Offizier Adolf Eichmann, der seine Beteiligung an der Organisation und Durchführung der Verbrechen des nationalsozialistischen Systems damit rechtfertigte, lediglich Befehlen gehorcht zu haben, und sich dabei auf Kants kategorischen Imperativ berief. Hannah Arendt nahm an dem Prozess gegen Eichmann 1961 in Jerusalem als Beobachterin teil. Arendt kritisierte Eichmann scharf für sein Verhalten und nannte es »empörende Dummheit«. Sie wies darauf hin, dass er versuchte, sich durch Bezugnahme auf Immanuel Kant seiner Verantwortung und Schuld zu entziehen. Arendt lehnte diese Verbindung zu Kant strikt ab und nutzte sie als Grundlage für ihre Kritik am blinden Gehorsam.

Die Erfahrungen, die ich bei der Polizei machte, enthüllten in meinen Augen noch eine viel weiter reichende Komplexität.

Arendt argumentierte, dass Menschen in solchen Situationen oft ihre moralische Autonomie aufgeben und sich stattdessen dem Gehorsam gegenüber autoritären Strukturen unterwerfen. Ich denke, dass in dieser Argumentation ein entscheidender Punkt fehlt, den ich bei vielen Polizistinnen und Polizisten und nicht zuletzt bei mir selbst beobachten konnte: Menschen wie wir handelten in dem Vertrauen, dass die gewachsenen Systeme, deren Autoritäten wir folgten, sich an den moralischen Maßstäben von Recht und Unrecht ausrichteten. Je mehr ich über Arendts Worte nachdachte, desto mehr erkannte ich, dass mein unerschütterlicher Glaube daran, dass Menschen nicht von Grund auf böse sind, dazu geführt hatte, dass ich ein blindes Urvertrauen in das Polizeisystem und seine Führungskräfte gelegt hatte.

Zu diesem Zeitpunkt war mir noch nicht klar, dass diese Erkenntnis – der Zusammenhang zwischen einem allgemeinen Menschenbild und menschengemachten Systemen und deren Autoritäten – auch entscheidende Ansätze für den Umgang mit der Klimakatastrophe bot.

Kapitel 2

KIPPPUNKTE

HANNAH Ich wurde im Jahr 2001 geboren, wuchs in Berlin auf und frage mich manchmal, ob meine Eltern den Namen Hannah auch deshalb für mich ausgesucht haben, weil sie die politische Theoretikerin Hannah Arendt bewunderten.

Als Kind betrachtete ich Berlin mit seinen unterschiedlichen Kulturen und Menschen wie einen riesigen lebendigen Spielplatz und entwickelte so ein Bewusstsein dafür, dass Vielfalt das Leben bereichert.

Kritisches Denken

Gespräche über Politik waren bei uns zu Hause allgegenwärtig. Abends, wenn unsere Familie zusammen aß, diskutierten wir häufig gemeinsam das Weltgeschehen und die aktuellen politischen Ereignisse, und so lernte ich schon früh, eine politische Haltung zu entwickeln. Ich sah regelmäßig eine Nachrichtensendung für Kinder, und wenn ich etwas nicht verstand oder Fragen hatte, dann halfen mir meine Eltern, die Zusammenhänge zu verstehen.

Ich denke, dass wir alle mit einem guten Kompass auf die Welt kommen, was richtig und falsch ist. Wir empfinden Mitleid mit anderen Menschen und Lebewesen, wenn wir sehen, dass sie leiden, und wir werden wütend, wenn wir erkennen, dass etwas Unrechtes geschieht. Doch im Laufe unseres Lebens verlieren wir diesen unmittelbaren, unverstellten Kontakt zu unserem inneren Kompass, vielleicht, weil man uns immer mehr »gute Gründe« beibringt, diesen zu ignorieren, bis wir ihn kaum noch wahrnehmen. Stattdessen nehmen wir anstrengende Verrenkungen vor, um unser Handeln oder unsere Haltung zu erklären: »*Jede:r ist für sich selbst verantwortlich. Wer leidet, ist selbst schuld daran.*« Meine Eltern boten zu dieser Perspektive einen echten Kontrast und lehrten mich, gesellschaftliche Probleme aus der Sicht der Betroffenen zu betrachten.

In meinem Elternhaus herrschte eine lebendige und diskussionsfreudige Atmosphäre des kritischen Denkens. Auf diese Weise entwickelte ich schon früh eine Freude an politischen Auseinandersetzungen. Meine Eltern und andere Verwandten erzählen mir immer wieder davon, wie früh mein Gerechtigkeitsempfinden sich zeigte. Schon als kleines Kind stemmte ich mich mit aller Kraft gegen gefühlte Ungerechtigkeit, egal ob sie mich oder jemand anders betraf. Dieses Thema konnte mich richtig in Rage versetzen, bis zu dem Punkt, an dem ich auf dem Boden lag, strampelte und schrie, wenn keine Abhilfe geschaffen wurde.

In der Schule liebte ich es, zu debattieren, mit Worten zu fechten, und ging darin so sehr auf, dass meine Lehrerinnen und Lehrer schon dachten, in mir schlummerte eine gute Rechtsanwältin. Es sind jedoch weniger die Konflikte, die mir liegen – trotz meiner Bereitschaft zu streiten –, sondern ich sah die Auseinandersetzung als notwendig an, für das einzutreten, was ich als richtig oder gerecht empfand.

Ab der 5. Klasse besuchte ich ein humanistisches Gymnasium. Viele meiner Klassenkamerad:innen trugen verschiedene prestigeträchtige Titel im Namen, waren stolz auf ihre »von« und »zu« und betrachteten diese als sehr bedeutend.

In meiner Klasse waren alle deutlich wohlhabender als wir. Wenn wir nach der Schule gemeinsam zur S-Bahn-Station gingen, fuhr ich meist in die entgegengesetzte Richtung zum erschwinglicheren Stadtteil, während die anderen ihre Schulbücher zu Villen in Grunewald und Zehlendorf schleppten.

Die Diskussion darüber, was genau Gerechtigkeit ist und wie wir sie erreichen, erlebte ich außerhalb meines Elternhauses eher selten. Die Schule trug nur wenig dazu bei, mein politisches und soziales Weltbild zu prägen. Dazu wurden viele Themen in meiner Wahrnehmung viel zu oberflächlich oder gar nicht behandelt. Trotzdem gab es immer wieder Gelegenheiten, bei denen ich damit konfrontiert wurde, welche unterschiedlichen Vorstellungen von Gerechtigkeit existierten.

Ich erinnere mich deutlich an eine Diskussion mit einer Klassenkameradin über Obdachlosigkeit. Sie erwähnte, dass sie einem Obdachlosen nie Geld geben würde, da diese Menschen es nur für Drogen und Alkohol verwenden würden und keinerlei Hilfe verdient hätten. Sie wären doch selbst schuld an ihrem Schicksal. Das überraschte mich. Ich vertrat die gegenteilige Ansicht und argumentierte, dass jede:r unverschuldet in so eine Lage kommen konnte – was keine Rolle bei der Frage spielen sollte, ob ein Mensch unser Mitgefühl und unsere Hilfe verdient hat. Ich kannte meine Freundin als nette, empathische Person. Wie konnte sie anderen Menschen gegenüber so kalt und unbarmherzig sein und solche Schlüsse ziehen?

Mir fehlten zu jener Zeit noch die analytischen Werkzeuge, um mir klarzumachen, aus welchen Narrativen solche Glaubenssätze kamen. Definitiv störten sie mich aber und kamen mir nicht logisch vor. Ich hatte ein ziemlich starkes Gefühl, dass es nicht in Ordnung war, die eigenen Privilegien als naturgegeben zu akzeptieren und denjenigen, die es schlechter hatten, die Schuld für ihre Lage zu geben. Vielmehr sah ich in Privilegien eine Pflicht. Die des besonders kritischen Denkens und dazu, die Augen nicht vor dem zu verschließen, was nicht gut lief in dieser Welt.

Verlieren und Gewinnen

Unser Schulalltag war stark strukturiert und bot nicht viele Wahlmöglichkeiten. Während des Unterrichts war ich oft wütend, besonders im Altgriechischunterricht. Ich empfand es als unglaublich fragwürdig, eine tote Sprache lernen zu müssen, die heutzutage niemand mehr spricht. Was sollte ich damit? Im Unterricht unterhielt ich mich ständig mit meinen Klassenkamerad:innen. Es lag nicht an meiner mangelnden Bereitschaft zu lernen. Ich hatte einfach das Gefühl, im Austausch mit anderen über Themen, die uns interessierten, mehr zu lernen, als durch den theoretischen und für mich oft realitätsfernen Unterrichtsstoff.

In den Köpfen meiner Lehrenden setzte sich mit der Zeit ein gewisses Bild von mir fest. Ich war in erster Linie die, die den Unterricht störte, nicht aufpasste, quatschte. Dieses Bild ließ keinen Platz für etwas anderes. Das spürte ich und entwickelte deshalb einen gewissen Ehrgeiz, das Wohlwollen der Lehrenden wiederzuerlangen. Ich fühlte mich wie abgestempelt und hatte genug davon, deswegen nicht ernst genommen zu werden. Ich fasste den Entschluss, ab sofort immer aufzupassen, für jeden Test zu lernen und meine Hausaufgaben gewissenhaft zu erledigen.

Ich musste jedoch verbittert feststellen, dass die Lehrenden sich ganz offensichtlich wenig für meine Entwicklung interessierten. Sie behandelten mich weiter so wie den Menschen, dessen Bild sich bereits in den ersten Schulwochen in ihnen manifestiert hatte. Als ich dank harter Anstrengung und langem Lernen das erste Mal eine Eins in einem Latein-Test schrieb, gab mir die Lehrerin den Test zurück mit den Worten: »Du hast bestimmt abgeschrieben, anders kann ich mir das nicht erklären.« Ich erinnere mich noch sehr gut daran, wie ohnmächtig ich mich dabei fühlte. Ich wurde als Problem identifiziert. Meine Anstrengungen machten keinerlei Unterschied, meine Anpassung war gescheitert und deshalb war für mich glasklar, dass das Problem nicht bei mir, sondern bei der Schule lag.

Ich hatte das Gefühl, in einem Unterordnungsverhältnis gelandet zu sein, wo ich einsortiert wurde und systematisch Regeln befolgen und Dinge lernen sollte, die ich nicht lernen wollte oder die mir teilweise überhaupt nicht sinnvoll erschienen. Ich entwickelte eine regelrechte Wut auf den schulischen Alltag, den ich nicht als optimale Förderung, sondern als voreingenommenes Zwangssystem mit einem ziemlich rücksichtslosen Schubladendenken empfand. Auch die größte Sinnlosigkeit wurde damit gerechtfertigt, lernen zu müssen, wie man lernt. Individuelle Stärken und Interessen und die Möglichkeit zu einer persönlichen Entwicklung spielten in dieser Struktur aus meiner Sicht kaum eine Rolle. Während einer so entscheidenden Phase des Heranwachsens wurde ich nicht in meinem Wesen gestärkt, sondern geformt und vorbereitet – auf was auch immer.

Auch grundlegende Werte wie Gemeinschaftssinn, Zusammenleben und Solidarität sind für die persönliche Entwicklung essenziell, finde ich. Diese Werte wurden in der Schule nicht nur vernachlässigt, sondern aktiv unterbunden. Selbst Kinder, die ihre Hausaufgaben mit einer Mitschülerin teilten, die sie nicht bewältigen konnte, wurden für dieses

»Vergehen« mit der Schulnote Sechs bestraft. Man gehörte entweder zu den Gewinnenden, die gute Noten schrieben und von den Lehrern gemocht wurden, oder zu den Verlierenden, für die sich die Schule zunehmend wie eine Qual anfühlte. Vorsagen und Abschreiben erfüllte den Tatbestand eines schulischen Fehlverhaltens – ich sah das jedoch als Ausdruck einer gesunden Kooperationshaltung. Es könnten doch einfach alle gewinnen, wenn Lernen als gemeinsamer Prozess begriffen und die Gemeinschaft diejenigen unterstützen würde, die nicht mitkommen. Mut, Empathie, kritische Auseinandersetzung mit schwierigen Themen, gesellschaftliche Verantwortung, aber auch Selbstfürsorge, all das sind wichtige Kompetenzen, die wir nicht unbedingt in der Schule erwerben. Meine Reaktion auf all das war eine totale Verweigerungshaltung.

Nach meinen Bemühungen, die Regeln zu befolgen, die an meiner Stigmatisierung durch die Lehrenden scheiterten, drehte sich mein schulisches Blatt, und die Noten Vier, Fünf und Sechs zierten zunehmend meine Arbeiten und Zeugnisse. Das war mir nicht nur egal, sondern ich war stolz darauf. Ich empfand das Schulsystem als so albern, dass ich mich ihm bewusst widersetzte und in Form meiner Verweigerung, mitzuspielen und nach Anerkennung zu streben, Widerstand leistete. Meine schlechten Noten deutete ich für mich um; ich sah sie als Beurkundung meiner Ablehnung dieses verrückten Systems und daher als Grund zur Freude.

Denke ich heute an diese Zeit zurück, spüre ich immer noch die starken Gefühle von Wut und Frust, die für mich genauso zur Schule gehörten wie Hausaufgaben und der Geruch von Tafelkreide. Trotzdem würde ich diese Erfahrung nicht eintauschen wollen. Denn ich glaube, sie führte dazu, dass ich ein Bewusstsein dafür entwickelte, dass die Systeme, die uns umgeben, nicht zwangsläufig gerecht und gut sind.

Wäre mir das in der Schule nicht vor Augen geführt worden, dann hätte ich später vielleicht weder die Bereitschaft gehabt, diese Fehler im System zu finden, noch die Fähigkeit, mit Kritik statt Anpassung zu reagieren.

Bei einem Umzug und einem damit einhergehenden Schulwechsel erhielt ich schließlich unverhofft die Gelegenheit zu einem Neustart. In der neuen Schule kannte mich niemand, also wurde ich auch in keine Rolle gedrängt. Diese Erkenntnis gab mir die Möglichkeit, auf einem unbeschriebenen Blatt neu zu beginnen. Das war äußerst motivierend für mich, denn plötzlich zahlten sich meine Anstrengungen aus. Wenn ich wollte und mir Mühe gab, konnte ich gute Noten schreiben. Das erste Mal seit vielen Jahren empfand ich die Schule nicht mehr als Gegner, sondern als Umfeld, in dem ich mich entwickeln konnte. Die Mechanismen, die den Alltag in der Schule bestimmten, blieben ähnlich – es war weiterhin ein sehr fremdbestimmtes Leben mit vorgegebenem Lernstoff und einem hohen Leistungsdruck. Aber ich gehörte nicht mehr zu den Verlierenden, sondern wurde immer mehr zur Musterschülerin. Nun empfand ich das Schulsystem nicht mehr als so belastend, da ich persönlich profitierte. Plötzlich kritisierte ich es auch nicht mehr, obwohl es andere Schülerinnen und Schüler gab, denen es weiterhin nicht gerecht wurde. Die abgewertet und zu Verlierenden aussortiert wurden.

Im Nachhinein erkenne ich darin bei mir selbst ein Muster, welches ich bei anderen Menschen sehr oft beobachte: Menschen sind viel weniger bereit, Systeme kritisch zu hinterfragen, von denen sie selbst profitieren – egal wie schlecht diese Systeme insgesamt sind.

Den Begriff »Klimawandel« kannte ich schon aus den Kindernachrichten. Mir taten die abgemagerten Eisbären leid, die sich in den Beiträgen verzweifelt an ihre Eisscholle klammerten und nach Halt suchten. Ich wusste, dass es immer wärmer wird und dass die Eisbären darunter litten.

Als wir eines Tages auch im Unterricht über den Klimawandel sprachen, war das eine Erfahrung für mich, die mein Leben grundlegend prägen und nachhaltig beeinflussen sollte. Es war im Herbst 2015, ich war 14 Jahre alt, und einen Tag zuvor hatten sich fast alle Staaten der Welt bei der 21. Klimakonferenz in Paris auf das 1,5-Grad-Ziel geeinigt. Es wurde ein völkerrechtlich bindender Vertrag geschlossen, der alle Staaten dazu verpflichtet, Anstrengungen zu unternehmen, um die globale Erwärmung auf maximal 2, möglichst 1,5 Grad im Vergleich zum vorindustriellen Niveau – also im Vergleich zu einer Zeit um 1850 bis 1900 – zu begrenzen. Unser Lehrer nahm dieses Ereignis zum Anlass, um den eigentlich geplanten Unterricht zu verschieben und über diesen aus seiner Sicht historischen Beschluss zu sprechen.

Bis dahin hatte ich keine Ahnung von den tatsächlichen Ausmaßen des Klimawandels gehabt, und nun erzählte unser Lehrer im Plauderton, was alles auf dem Spiel stand. Im Hintergrund lief eine Power-Point-Präsentation: Aufnahmen überfluteter und zerstörter Städte, von Waldbränden und Menschen, die mit Kleinkindern auf dem Arm und Angst in den Augen ihre Heimat verließen, um sich in Sicherheit zu bringen. Ich vernahm Sätze wie: »Wenn die globale Erwärmung über 1,5 Grad steigt, dann müssten Milliarden Menschen in naher Zukunft fliehen.« Das Abschmelzen der Polkappen führt zu einem Anstieg des Meeresspiegels, zahlreiche Küstenstädte und -regionen könnten zu großen

Teilen überflutet werden, ganze Inselnationen stehen vor dem Risiko des Verschwindens. Unzählige Menschen werden fliehen müssen auf der Suche nach bewohnbarem Land und Ressourcen.

Auch die Vorhersagen für das Jahr 2030 in Deutschland sind dramatisch. Ernteausfälle werden zu einem Anstieg der Lebensmittelpreise führen und soziale Ungleichheiten verschärfen, da einkommensschwache Bevölkerungsgruppen stärker betroffen sein werden. In Städten könnten die sogenannten Heat Islands im Sommer für alte und geschwächte Menschen lebensbedrohlich werden und die Gesundheitssysteme durch die Zunahme hitzebedingter Erkrankungen bis zum Kollaps bringen. Wasserknappheit, Waldbrände, und Umweltkatastrophen könnten unseren Alltag bestimmen, und das schon in wenigen Jahren.

Daher sei es so wichtig, die Klimaerwärmung auf den Wert von 1,5 Grad zu begrenzen. Für unseren Lehrer bedeutete die Verabschiedung dieses Ziels einen riesigen Erfolg, und es machte auf mich den Eindruck, als betrachtete er die Probleme des Klimawandels damit als quasi gelöst.

In mir dagegen machte sich Skepsis breit. In derselben Unterrichtsstunde erfuhr ich, dass schon 1997 mit dem Kyoto-Protokoll ein internationaler Vertrag zur Eindämmung der Emissionen verabschiedet worden war. Seitdem waren die weltweiten Emissionen aber nicht etwa gesunken, sondern kontinuierlich und gefährlich gestiegen. Wieso sollte also ein neuer Vertrag, ein neues Ziel das Problem einfach so lösen? Statt beruhigt zu werden, wurde ich beunruhigt. Dass die Staaten überhaupt zu diesem Entschluss gekommen waren, zeigte mir, wie ernst die Lage war.

Mich packte das Thema mit einer unheimlichen Wucht. Das war kein Wandel – das war eine Katastrophe. Aber mit dieser Einschätzung war ich offensichtlich allein. Ich nahm erschüttert und fast schon benommen wahr, wie nur Minuten nach diesen Enthüllungen einfach alles wieder zur Tagesordnung überging.

Hatte niemand gehört, was ich gehört hatte? Hatten meine Mitschülerinnen und Mitschüler die schrecklichen Bilder nicht gesehen? Als die Stunde vorbei war, sprangen sie auf und eilten zum Mittagessen, so als wäre nichts gewesen. Ich aber blieb vollkommen überwältigt auf meinem Stuhl sitzen und versuchte, das Erfahrene zu verarbeiten. In ein paar Jahren würde der Planet für viele Menschen unbewohnbar sein, und ich fand mich mit der Frage konfrontiert, wie nur ein einziger Tag mit diesem Wissen normal weitergehen könnte. Lag die Reaktion meiner Mitschüler:innen daran, dass mein Lehrer den Eindruck erweckt hatte, man habe das Problem bereits unter Kontrolle? Es kümmerte sich schon jemand darum, also brauchten wir uns keine Sorgen zu machen? Mich ließ das Thema nicht mehr los. Ich spürte, dass überhaupt nichts in Ordnung kommen würde, solange wir als Menschheit nicht entschieden handelten.

Um meine Gefühle zu verarbeiten und zu reflektieren, versuchte ich, mit anderen Menschen, sowohl mit Mitschüler:innen als auch Erwachsenen, ins Gespräch über die Klimakatastrophe zu kommen. Ich wollte erfahren, wie andere damit umgingen und ob es vielleicht sogar Optimist:innen unter ihnen gab, die mir aufzeigen konnten, an welchen Lösungen die Regierungen weltweit bereits arbeiteten.

Meine Hoffnung wurde enttäuscht, und diese Erfahrung blieb gänzlich aus, stattdessen reagierten unerwartet viele Menschen sehr zurückhaltend und sogar abweisend. Sie fanden das Thema unangenehm und wollten nicht darauf angesprochen werden. Andere schienen das Thema für sich schon abgeschlossen zu haben, sie argumentierten: »Um das Problem zu lösen, müssten wir eben auf vieles verzichten. Ich will mir aber nichts vorschreiben oder mir etwas verbieten lassen.«

Ich bekam die Befürchtung, bei meinen Mitschülerinnen und Mitschülern wegen meines Interesses an Klima und Umwelt den Ruf eines »verrückten Ökos« zu bekommen. Ich war davon beeinflusst und insgesamt so verunsichert, dass ich meine Gespräche und Interaktionen zu diesem Thema einstellte. Denn ich wollte weiterhin dazugehören, Teil einer Gemeinschaft sein, normal wirken. Stattdessen las ich – wenn ich Zeit und meine Ruhe hatte – immer mehr über die Klimakatastrophe und widmete mich der Frage, die mich am meisten umtrieb: Schätzte ich die Situation falsch ein und es handelte sich dabei um ein Problem wie jedes andere, eine Krise unter vielen Krisen, oder waren meine starken Emotionen berechtigt?

Mir wird oft gesagt, dass ich Dinge »zu« ernst nehme oder »zu« empfindlich angehe, wie ein Manko, das es zu regulieren gilt. »Du darfst das nicht so an dich heranlassen«, wird mir häufig geraten. Doch mittlerweile denke ich, dass es eher andersherum ist. Dass die Urheber:innen dieser Ratschläge die Dinge etwas »zu wenig« ernst nehmen oder »zu wenig« empfindlich angehen. Aber das ist nicht die Lösung. Ich denke, dass die Lösung vieler unserer Probleme genau dort zu finden ist, wo wir unsere Augen und unser Herz nicht verschließen, sondern Ungerechtigkeiten und die damit verbundenen Emotionen *mehr* an uns heranlassen, nicht weniger.

Mit der Klimakatastrophe waren für mich extrem starke Emotionen verbunden. In dem Moment, wo die Klimakatastrophe bei mir präsent und Teil meines Lebens, meines Wissens war, brachen enorme Zukunftsängste und ein kaum auszuhaltender Weltschmerz über mich herein. Mein Schmerz wurde noch dadurch gesteigert, dass ich mich mit diesen Sorgen lange so allein fühlte.

Je mehr ich las und herausfand, desto klarer wurde mir, dass neben meinem unmittelbaren Umfeld auch noch eine gänzlich andere Welt existierte. Wissenschaftler:innen setzten sich schon seit Jahren aktiv mit diesem Thema auseinander und sprachen vehemente Warnungen aus. Bereits im Jahr 1972 hatte der Club of Rome vor den Auswirkungen des ungebremsten wirtschaftlichen Wachstums auf die Umwelt, insbesondere auf das Klima, gewarnt. Der Bericht ist bekannt für seine Einschätzung, dass es auf einem endlichen Planeten kein unendliches Wachstum geben kann. Er betonte bereits vor über 50 Jahren die Notwendigkeit, nachhaltige Entwicklung anzustreben, um zukünftige Generationen zu schützen. Seitdem wurden die Appelle aus der Wissenschaft kontinuierlich dringlicher.

Es mag paradox klingen, aber diese Weckrufe zu hören war für mich eine Erleichterung. Ernst zu nehmende Wissenschaftlerinnen und Wissenschaftler mit langjähriger Erfahrung in diesem Bereich bestätigten meine Einschätzung, meine Sorgen waren genauso berechtigt wie meine Zukunftsangst, und vor allem war ich nicht »verrückt«. Das war genau das, was ich brauchte, um weiterzudenken. Jetzt, wo ich mir ganz sicher war, dass meine Wahrnehmung mich nicht betrogen hatte, konnte ich das erste Mal darüber nachdenken, etwas zu unternehmen. Jetzt, wo ich benennen konnte, dass es sich eben nicht um einen Klimawandel handelt, den irgendjemand unter Kontrolle hat, sondern um eine ausgewachsene Katastrophe. Ich wollte etwas tun, etwas beitragen, um das Gefühl der überwältigenden Ohnmacht und Verzweiflung loszuwerden, das mich seit einer Weile ständig begleitete. Ich wollte wirksam sein.

Zu diesem Zeitpunkt wäre mir niemals in den Sinn gekommen, durch Protest die politischen Entscheidungen auf einflussreichen Ebenen zu beeinflussen. Meine Einschätzung war, dass politischer Aktivismus nur Sinn macht, wenn sich viele Menschen gemeinsam für eine Veränderung einsetzen, wenn eine große Gruppe gemeinsam agiert. Dafür wiederum bräuchte es erst ein Vorbild, dem sich andere Menschen hätten anschließen können. Ich erkannte nicht, dass auch ich dieses Vorbild hätte sein können. Ich fühlte mich viel zu klein und unsicher. Es wäre mir im Traum nicht eingefallen, mich ganz alleine freitags der Schulpflicht zu widersetzen und stattdessen an einem öffentlichen Ort für Klimaschutz zu demonstrieren.

Stattdessen überlegte ich, was ich in meinem direkten Umfeld verändern könnte. Die »große politische« Veränderung hielt ich zwar für essenziell, aber »das ist nichts für mich«, dachte ich, »das ist ein Job für Profis, für Leute, die in einer NGO arbeiten und das hauptberuflich machen«. Deshalb träumte ich davon, später auch in einer NGO oder einer ähnlichen Organisation tätig zu werden. Währenddessen plante ich in meiner Schule die ersten konkreten Schritte, die nach meiner Einschätzung im Rahmen meiner Möglichkeiten lagen.

Schmetterlingsflügelschläge

Mit ein paar Mitschüler:innen gründete ich eine »Green School AG«, die sich zum Ziel setzte, den ökologischen Negativ-Fußabdruck unserer Schule zu verringern. Schnell identifizierten wir die enormen Mengen an Wegwerfgeschirr aus Plastik, die unsere Schule bei Anlässen wie der jährlichen Weihnachtsfeier produzierte, als Problem. In unserer kindlichen Logik verabredeten wir einen Termin mit unserem Schulleiter, um das Problem dort anzusprechen und nach einer Lösung zu suchen. Wir berichteten ihm, dass Wegwerfgeschirr schlecht für die Umwelt ist, und schlugen vor, dass wir stattdessen bei der Weihnachtsfeier das normale Geschirr nutzen könnten, das in der Mensa sowieso vorhanden war. Unsere Schule könne so mit einem guten Beispiel vorangehen und sich damit auch einen guten Ruf verdienen.

Zu unserer großen Überraschung entgegnete unser Schulleiter, diese Idee sei zwar nett, aber ihre Umsetzung völlig unmöglich, und wir sollten uns bitte aus der weiteren Planung heraushalten. Wir waren enttäuscht.

Es vergingen einige resignierte Tage, bis wir uns schließlich fragten: »Warum eigentlich? Was soll daran unmöglich sein? Wo liegt das Problem?« Wir fassten Mut und stellten unserem Schulleiter bei einem zweiten Treffen diese Frage. Er erklärte uns, dass bei so großen Mengen an Mehrweggeschirr jemand das Spülen übernehmen müsste. Wer sollte das erledigen? Diese Arbeit entstünde mit Wegwerfgeschirr nicht. Kurzerhand erklärten wir uns bereit, auf die Teilnahme an der Weihnachtsfeier zu verzichten und stattdessen eigenhändig den ganzen Tag abzuspülen. Noch etwas zögerlich willigte unser Schulleiter ein: »Man kann es ja mal ausprobieren.«

Nach der Weihnachtsfeier waren wir zwar erschöpft, aber überglücklich. Es lief sogar so gut, dass auch der Schulleiter verkündete, dass auf Schulfeiern ab jetzt nie wieder Wegwerfgeschirr verwendet werden würde. Dieses Erlebnis war ein wichtiger Beweis für mich: Es ist sehr wohl möglich, Dinge anders zu machen als gewohnt. Wir hatten miteinander gesprochen und Interessen und Bedürfnisse für diese konkrete Situation so miteinander verbunden, dass am Ende alle über die gemeinsame Lösung glücklich sein konnten und daraus sogar ein neuer Grundsatz geschaffen wurde. Ich war ungemein beflügelt.

In dieser so kleinen Situation steckte für mich noch eine weitere wertvolle Lektion, die ich mir fortan zunutze machte: Der Widerwille, Gewohntes neu zu denken, war keine unumstößliche Mauer. Wenn man ein wenig Mut und Ausdauer mitbringt und sich das Gegenüber auf einen Versuch einlässt, kann man dort ein Umdenken bewirken, wo vorher Abwehr war – indem man den Beweis gemeinsam liefert. Diese Erkenntnis machte mir später auch in einer viel größeren Dimension noch oft Mut.

Während meiner restlichen Schulzeit engagierte ich mich weiterhin in der »Green School AG« und setzte mich mit politischen Themen auseinander. In dem Jahr, in dem ich mein Abitur machte, hatte sich eine bedeutende Sache nicht verändert: meine resignierte Haltung und meine fehlende Hoffnung, was die Bekämpfung der Klimakatastrophe insgesamt anging.

Obwohl ich in meinem persönlichen Umfeld Veränderungen beobachtete, gab es gesamtgesellschaftlich keinerlei Anzeichen dafür. Die Gründe konnte ich nicht benennen, ich kam aber zu dem Schluss, dass eine ernsthafte Klimawende eine Illusion sein musste. Damit fällte ich ein Urteil entgegen meiner eigenen Erfahrung, die mich doch eigentlich so beflügelt hatte. Erst später wurde mir klar, dass ich die Existenz der Krise und das Eintreten ihrer Folgen einfach akzeptierte und davor resignierte. Vielleicht lag es daran, dass ich mich in den letzten Schuljahren mehr darauf fokussierte, was ich lernen *sollte,* und weniger darauf, an meinen eigenen Erfahrungen zu wachsen. Ich übersah dadurch meine Möglichkeiten in dieser Frage und fand mich stattdessen bei der Schadensregulierung wieder. Wenn wir die Klimakatastrophe schon nicht abwenden könnten, fand ich es von nun an wichtig, mich und andere auf die Folgen der Katastrophe einzustellen.

Ich begann ein Studium in Umweltwissenschaften, weil ich noch genauer verstehen wollte, wie das Erdsystem funktioniert und welche Veränderungen bei Ausbleiben angemessen drastischer politischer Entscheidungen auf uns zukommen würden. Mit dem angesammelten Wissen wollte ich dann im Bereich der humanitären Hilfe arbeiten, besonders in der Reaktion auf Naturkatastrophen.

Die Beschäftigung mit meinen Studienunterlagen brachte mir eine weitere tiefe Erkenntnis. Ich beschäftigte mich zum ersten Mal mehr mit wissenschaftlichen Artikeln und Forschung, statt mein Wissen über das Klima hauptsächlich aus den Medien zu beziehen. Der Unterschied zwischen diesen beiden Informationsquellen war überwältigend. Aus Zeitungen konnte ich herauslesen, dass es infolge der globalen Erderwärmung *einige Veränderungen* geben würde an *einigen Orten* der Welt. Zum Beispiel dort, wo die Eisbären lebten. Die wissenschaftliche Perspektive zeichnete dem gegenüber ein viel drastischeres Bild: Es steht nichts Geringeres auf dem Spiel als das Überleben der Menschheit, und zwar überall auf der Welt. Die Klimakatastrophe wird verheerend sein.

Später sprach ich als Aktivistin gelegentlich mit Menschen, die in den Medien arbeiteten, darüber, warum die Berichterstattung der Drastik der Klimakatastrophe nicht gerecht wird. Die Erklärung lautete stets etwa so: »Man darf die Leute mit der Wahrheit nicht überfordern. Wenn wir sagen, wie schlimm alles ist, dann sind die Leute doch gelähmt.«

Die Erkenntnis, wie groß die Bedrohung tatsächlich war, stürzte mich in eine tiefe Sinnkrise. Es fühlte sich an, als würde das Fundament, auf dem ich meine Lebenspläne gebaut hatte, ins Wanken geraten. Ich vermute, es ist tatsächlich diese Sinnkrise, die sich die Menschen vom Leib halten wollen. Meine persönliche Erfahrung steht der Einschätzung der Medienschaffenden entgegen: Die Wahrheit über das volle Ausmaß der Klimakatastrophe hat keine Lähmung bei mir verursacht – ich wurde durch sie zum Handeln ermächtigt.

Für mich fühlte es sich an wie eine Ganz-oder-gar-nicht-Frage: Entweder die Menschheit überlebt oder sie überlebt nicht. Plötzlich schien es mir fragwürdig, die Lösung des Problems »überspringen« zu wollen und mich lediglich auf Anpassungsmaßnahmen zu konzentrieren. Wie zur Hölle soll man sich denn auf die eigene Auslöschung vorbereiten, sich daran anpassen? Ich kannte die Prognosen, ich wusste, was auf dem Spiel stand, und das war mein Antrieb. Ohne die ungeschönte Wahrheit hätte ich den Ernst der Lage nicht erkannt, hätte ich meine Ohnmacht nicht überwinden können. Ich wäre nicht ins Handeln gekommen und hätte vielleicht nie die ganze Kraft meiner Wirksamkeit entdeckt. Das hieß auch: Mit der ungeschönten Wahrheit könnten wir vielleicht alle zusammen die Klimakatastrophe lösen.

Die Klimabewegung

Auf einmal ging alles ganz schnell. Während ich die Entscheidung traf, meine Zeit und Energie konsequent in die Zukunft der Menschheit zu investieren, nahm etwas anderes gleichzeitig Fahrt auf. Es schien, als hätten parallel zu meiner Entwicklung überall ähnliche Prozesse stattgefunden, und auf einmal wurde die Bewegung sichtbar. Greta Thunberg, damals 15 Jahre alt, wurde zum Vorbild und Gesicht der Klimabewegung, als sie 2018 begann, sich kurz vor den Wahlen in ihrem Heimatland Schweden jeden Freitag der Schulpflicht zu widersetzen und vor dem Reichstag in Stockholm für das Klima zu streiken. Skolstrejk för klimatet, Schulstreik für das Klima.

Im Herbst 2019 trat zusätzlich die Gruppe Extinction Rebellion (Rebellion gegen das Aussterben), kurz XR, auf die politische Bühne und legte Berlin für eine Woche lahm, indem mehrere Tausend Menschen in der ganzen Stadt für Klimaschutz demonstrierten und öffentliche Plätze in bunte Partys für Klimagerechtigkeit verwandelten.

Das waren genau die Impulse, die ich brauchte, um politisch aktiv zu werden. Ich nahm an den ersten Fridays-for-Future-Demonstrationen teil, und auf einmal war ich nicht mehr alleine. Plötzlich wurde in der gesamten Gesellschaft über das Klima verhandelt, ich lernte in der Bewegung unzählige Menschen kennen, die meine Zukunftsängste und meine Verzweiflung teilten – und wir alle hatten uns für den Weg der Veränderung entschieden.

Innerhalb der Bewegung fand ich auf einmal so vieles, was ich in meinem bisherigen Alltag vermisst hatte, ohne dass ich es genau hätte benennen können. Ich lernte das Gefühl kennen, das damit verbunden ist, sich gemeinsam für etwas Großes, Sinnstiftendes einzusetzen. Der Kontakt mit anderen Menschen gab mir eine Kraft und Energie, die mir vorher oft gefehlt hatte. Nun fühlte ich mich extrem erleichtert, erfüllt und ermutigt.

Die Klimabewegung wuchs rasant. Hunderttausende Menschen waren auf den Straßen, Aktivist:innen führten Gespräche mit Minister:innen, junge Menschen berichteten in Primetime-Talkshows über das Klima. Die Ereignisse überschlugen sich, und auch für mich ergaben sich immer wieder Situationen, die vorher undenkbar gewesen wären und mich herausforderten. Ich bekam die Gelegenheit, in Pressekonferenzen und Interviews über die Notwendigkeit von gerechter Klimapolitik zu sprechen. Ich war bei den ersten unglaublich nervös und wollte eigentlich nicht in der Öffentlichkeit stehen, aber weil mir das Anliegen so wichtig war, sprang ich über meinen Schatten. Mit der Zeit wuchs auch ich immer weiter über mich hinaus und lernte, mir und meinen Fähigkeiten zu vertrauen. Die Euphorie, die wir innerhalb der Bewegung in dieser Zeit spürten, ist kaum zu beschreiben. Wir hatten das starke Gefühl, dass eine riesige historische Transformation im Gange war und dass wir im Zentrum dieser Entwicklung standen. Nie in meinem Leben, weder davor noch danach, habe ich mich so zuversichtlich gefühlt.

Doch irgendwann machte sich Enttäuschung breit. Außer Applaus bekamen wir nicht viel. Das Demonstrieren wurde zum Alltag, verlor seine aufrüttelnde Wirkung und wurde selbst zum Teil des Status quo. Die Euphorie wich, und Wut, Angst, Verzweiflung und Hilflosigkeit kehrten in meinen Alltag zurück.

Nach zwei Jahren Studium und mehreren Jahren Klimaaktivismus hatte sich politisch nichts in die notwendige Richtung verändert. Immer wieder wurden wir insbesondere von Politiker:innen beschwichtigt: »Seid zufrieden, ihr wart doch erfolgreich, alle reden jetzt übers Klima.« Aber uns war klar, dass darüber zu reden bei Weitem nicht ausreichte. Es wurde seit Jahren geredet und verabredet. Wir wollten Taten. Vor allem wollten wir das ernsthafte Gefühl, uns keine existenziellen Sorgen über die Zukunft mehr machen zu müssen. Doch davon waren wir weit entfernt.

Stattdessen beobachteten wir, wie Klimapakete verabschiedet wurden, die alle Expert:innen als völlig unzureichend bewerteten. Während wir über unsere Social Media Newsfeeds beobachten mussten, wie Australien brannte und der Permafrost in Sibirien schmolz, fertigte man uns mit Verweis auf die Wirtschaft ab, die man nicht gefährden dürfe. Wir waren verzweifelt und ratlos. Wir hatten schon für viele Monate und Jahre fast unsere ganze Freizeit geopfert, um politisch aktiv zu sein. Was sollten wir noch tun?

Dann kam Corona und damit die schmerzliche Erkenntnis, wie schnell drastische Maßnahmen umgesetzt werden können, wenn nur der politische Wille dazu da ist. Unvorstellbare finanzielle Mittel wurden mobilisiert, um die Wirtschaft zu stabilisieren und das Gesundheitssystem zu stärken. Ähnlich verhielt es sich später beim Ausbruch des Krieges in der Ukraine und der darauf folgenden Energiekrise. In kürzester Zeit wurden politische Hebel in Bewegung gesetzt, um Alternativen zu russischem Gas zu finden und die Energieversorgung zu sichern.

Die Reaktion auf die Coronakrise zeigte, wie flexibel und entschlossen politische Maßnahmen sein können. Diese Erfahrungen verstärkten meine Überzeugung, dass auch im Kampf gegen die Klimakatastrophe schnelle und entschiedene Maßnahmen möglich sind. Es offenbarte mir, dass die Frage nicht wirklich eine des Könnens, sondern eine des Geldes und des Willens politischer Autoritäten ist. Wirtschaftsbedrohlichen Krisen stellte man sich in den Weg – der Katastrophe nicht. Die Diskrepanz zwischen dem, was bei anderen Krisen möglich gemacht wurde, und der zögerlichen Haltung beim Klimaschutz zeigt deutlich, welche Relevanz dieses Thema im politischen Tagesgeschehen tatsächlich hat – oder eben nicht hat.

Lange Zeit glaubte ich wie selbstverständlich, die Welt würde sich stetig verbessern, und wohlmeinende Menschen in der Politik würden sich um alle wichtigen Belange kümmern, mit dem Ziel, das Beste für die Allgemeinheit umzusetzen. Dementsprechend nahm ich an, dass man den Entscheidungsträger:innen nur klarmachen müsse, dass ein Problem vorliegt, und sie dieses dann beheben würden. Doch nun bröckelten diese Glaubenssätze. Als Folge daraus konnte ich auch der Frage nicht mehr ausweichen, was das für meinen Aktivismus bedeutete. Denn anscheinend reichte es eben nicht, durch Demos, Interviews und Gespräche mit Tausenden Menschen auf das Thema aufmerksam zu machen. Wenn Führungskräfte nicht führten, dann brauchte es etwas, das mehr Druck ausübte.

Globale Ungerechtigkeiten

2021 besuchte ich die Klimakonferenz in Glasgow. Nachdem die Klimakonferenz in Paris 2015 der Auslöser für mein Engagement gewesen war, schloss sich dort für mich ein Kreis. Ein paar Jahre zuvor noch undenkbar, reiste ich nach Glasgow, um als Aktivistin an den Protesten innerhalb und außerhalb der Konferenz teilzunehmen. Das war eine unglaublich einschneidende und prägende Erfahrung. Ich sollte dort den mächtigsten Spieler auf dem Feld kennenlernen, in dessen Händen der politische Wille – oder besser gesagt die politische Willenlosigkeit – und damit auch die Zukunft der Menschen liegt.

Laut einer Studie von vier NGOs ist der Einfluss von fossilen Unternehmen auf die COP viel zu groß. Würde man die fossilen Lobbyist:innen auf der Weltklimakonferenz zählen, so rechnen die NGOs vor, wären das mehr Personen als die 479 der größten Regierungsdelegation (der brasilianischen).[9] Personen, die auf der Gehaltsliste fossiler Firmen stehen, waren die zahlenmäßig am stärksten vertretene Interessengruppe auf der Weltklimakonferenz, und dementsprechend zuvorkommend wurden sie auch hofiert: Zusätzlich zu den Protesten vor den Toren gab es auch Proteste innerhalb der Konferenzhallen. Diese mussten aber vorher angemeldet und genehmigt werden. Sicherheitsleute berichteten mir, dass Protestaktionen, die auf ein konkretes Unternehmen oder Land verweisen wollten, verboten wurden. Und ich habe selbst miterlebt, wie Leute, die sich der Zensur widersetzten und trotzdem verantwortliche Länder oder Unternehmen benannten, samt Delegation von der Konferenz ausgeschlossen wurden.

Ein Teil des Konferenzgeländes war für Ausstellungsstände vorgesehen, an denen alle teilnehmenden Länder ihre jeweiligen Anstrengungen zur Eindämmung der Klimakatastrophe präsentieren konnten. Die USA, europäische Länder und China betreuten riesige Flächen, auf denen Besucherinnen und Besucher mit kostenlosem Kaffee und Snacks bedient wurden, während auf Kinoleinwänden Imagefilme über den klimafreundlichen Umbau der heimatlichen Wirtschaft zur Schau gestellt wurden. Überall dekorierten riesige Werbeplakate das Messegelände und suggerierten, die Lösung für die Krise liege schlicht im Konsumieren der richtigen Produkte. Es wurden E-Autos beworben, »nachhaltige« Flugunternehmen und Atomenergie.

Ich fand mich am hinteren Ende der Halle wieder am Stand von Sierra Leone, der sich wesentlich von denen der Industrienationen unterschied. Der Stand dieses kleinen westafrikanischen Landes bestand lediglich aus einem Stuhl, auf dem ein einziger Delegierter etwas verloren auf seiner Trommel spielte.

Ich kam mit ihm ins Gespräch, und er berichtete, wie schwerwiegend sein Land bereits von der Klimakatastrophe geschädigt wurde und wie wenig es gleichzeitig für sie verantwortlich war. Für ihn war unverständlich, warum das

Thema immer wieder wie ein Problem der Zukunft behandelt wurde, während es in seiner Heimat bereits bitterer Teil der Gegenwart war. Ich erfuhr, dass Sierra Leone eines der ärmsten Länder der Welt ist und viele Menschen dort nicht einmal Zugang zu Strom haben. Das Land ist hoch verschuldet und finanziell von westlichen Ländern abhängig, an den kostspieligen Aufbau erneuerbarer Energien ist gar nicht zu denken. Gleichzeitig werden die reichhaltigen Bodenschätze bis heute von Unternehmen aus dem globalen Norden ausgebeutet, ohne dass die lokale Bevölkerung davon profitiert. Und nun saß da dieser Mann, am hinteren Ende der Halle, wohin sich kaum ein Besucher verirrte. Er leistete seine Stunden auf der Konferenz ab, wie einen Pflichttermin, den andere Staaten ihm aufgebürdet hatten. Er hatte erkannt, dass eines bei dieser Konferenz nicht geschehen würde: dass für sein Land und die Menschen in seiner Heimat ehrliche Abhilfe geleistet wurde.

Ich verließ das Gelände an diesem Tag schon um die Mittagszeit, weil ich mich so niedergeschlagen und ohnmächtig fühlte, dass ich es nicht mehr aushielt. Nachdem ich all das gesehen hatte, überraschte es mich nicht mehr, dass auch 30 Jahre nach der ersten Klimakonferenz keinerlei Erfolg bei der Reduzierung der globalen Emissionen zu beobachten war. Ich empfand das Konferenzgelände als satirische Nachstellung der Welt im Kleinen, mitsamt all ihrer frappierenden Ungerechtigkeiten – und hatte wieder einmal das Gefühl, alle anderen um mich herum hielten das für vollkommen legitim.

Später erfuhr ich, dass die finale Abstimmung über eine wichtige Zielvereinbarung mehrere Tage nach hinten verschoben wurde. Meines Wissens handelte es sich dabei um ein stark umstrittenes und von uns Klimaaktivist:innen grundsätzlich abgelehntes Verfahren: den Handel mit Treibhausgaszertifikaten. Je mehr Zertifikate ein Land besitzt, desto mehr kauft es sich von der Pflicht zum Klimaschutz frei. Ärmere Länder konnten auf die Verschiebung der Zielvereinbarung nicht reagieren. Ihre Delegationen mussten abreisen, weil die Verlängerung des Hotelaufenthalts und der Flugumbuchung ihnen finanziell nicht möglich war. Die Zielvereinbarungen beschlossen schließlich die reichen Industrienationen unter sich.

Ich hatte den schockierenden Eindruck, arme Länder würden ausgeschlossen, während Entscheidungen fielen, die sie weiter benachteiligten. Eine andere Klimaaktivistin sagte am Ende der Konferenz: »Hier geht es nicht darum, wie man das Klima schützen kann. Hier schützt sich der Kapitalismus vor Klimaschutz.« Ich konnte dem nur zustimmen.

Der Hungerstreik

Im Sommer 2021 erfuhr ich durch einen Mitstudenten von dem Plan, einen Hungerstreik gegen die Klimakatastrophe im Regierungsviertel durchzuführen.

Einen kurzen Moment überwältigte mich die Vorstellung von der Tragweite dieser Aktion. Trotzdem musste ich nicht lange überlegen, als ich gefragt wurde, ob ich als Unterstützerin dabei sein wollte. Es war vielmehr so, dass ich eine neue, aufrüttelnde Protestform bereits seit einer Weile als logische Konsequenz meiner Erfahrungen der vergangenen Jahre sah. Ein Hungerstreik ist ein Mittel, das in der menschlichen Geschichte immer in Situationen äußerster Dringlichkeit eingesetzt wurde, und in genau einer solchen historischen Situation befanden wir uns!

Forschungen zeigten, dass die globalen Treibhausgasemissionen weiterhin auf ihrem hohen Niveau verblieben waren und wir mit einem Anstieg der globalen Durchschnittstemperaturen von bis zu über 4 Grad Celsius bis zum Ende des Jahrhunderts rechnen müssen.[10] Das verbindliche 1,5-Grad-Ziel des Pariser Abkommens aus 2015 scheint also Geschichte.

Politische Protestformen beinhalten häufig, dass Menschen die Wichtigkeit eines Anliegens und ihre Entschlossenheit unterstreichen, indem sie strategische Opfer erbringen. Die Schülerinnen und Schüler von *Fridays for Future* beispielsweise opferten ihre Schulzeit, um auf die Notwendigkeit der Bekämpfung der Klimakatastrophe hinzuweisen. Aktivist:innen von *Extinction Rebellion* opferten bei Aktionen des zivilen Ungehorsams die eigene Freiheit, um die Gefahr des Aussterbens zu verdeutlichen. Der Grund, warum Opfer eine Relevanz im politischen Protest haben, liegt darin, dass Bewegungen dann aktiv werden, wenn der Status quo uns allen bereits Opfer abverlangt. Das soll durch die Protestform verdeutlicht werden. Dass Menschenleben in Zukunft der Klimakatastrophe zum Opfer fallen, ist erst mal ein recht abstrakter Gedanke. In dem Moment aber, wo wir etwas öffentlich und sichtbar opfern, wird dieser Sachverhalt plötzlich real, sichtbar und greifbar. Das freiwillige individuelle Opfer ist eine strategische Entscheidung, um auf das unfreiwillige, bereits erbrachte kollektive Opfer aufmerksam zu machen.

Angesichts dessen, dass die Klimakatastrophe unser aller Leben bedroht, war es nur konsequent, die Ernsthaftigkeit der Lage zu verdeutlichen, indem wir unser Leben aufs Spiel setzten. »Wir werden nichts mehr essen, bis die Regierung Maßnahmen gegen die Katastrophe unternimmt.« Das klingt drastisch, aber darin steckt die Botschaft: »Denn ohne diese Maßnahmen ist unser aller Leben sowieso gefährdet.« Unser Hungerstreik war nicht die Verzweiflungstat, als welche die

Medien ihn häufig darstellten. In der Klimakatastrophe geht es um Leben und Tod. Der Hungerstreik war daher eine bewusste und strategische Entscheidung, er sollte Menschen in Bewegung setzen. Und seine Wirkung blieb nicht aus.

Als wir Ende August, am ersten Tag des Hungerstreiks, unsere Zelte in einem kleinen Park im Regierungsviertel aufschlugen, hatten wir viel Hoffnung, aber keine großen Erwartungen. Wir waren nur eine Handvoll Menschen, und in den ersten Tagen verirrte sich lediglich ein einsamer Journalist zu uns. Als wir nach einigen Tagen durch Konsequenz und Durchhaltevermögen verdeutlicht hatten, dass wir nicht so schnell aufgeben würden, nahm das Interesse von Medien und Öffentlichkeit schlagartig zu. Ein Team von RTL übertrug eine Live-Übertragung aus dem Camp, kurz danach folgten andere Sender. Eines Morgens trat ich noch nicht ganz wach und in meinem Schlafanzug aus dem Zelt und fand mich mitten in einem Livestream des japanischen Fernsehens. Auf einmal waren wir von morgens bis abends damit beschäftigt, Presseanfragen zu koordinieren und Interviews zu geben. Ich hungerte selbst nicht, ich war dafür verantwortlich, Pressemitteilungen zu schreiben und andere anfallende Aufgaben in Zusammenhang mit der Medienkommunikation zu übernehmen. Immer mehr Menschen meldeten sich auch privat bei uns und erzählten, wie sehr unsere Aktion sie aufrüttelte.

Der Hungerstreik war bewusst unmittelbar vor der Bundestagswahl 2021 angesetzt worden. Wir forderten ein öffentliches Gespräch mit allen Kanzlerkandidat:innen über die Klimakatastrophe sowie die Einrichtung eines Bürger:innenrats, der Lösungen ausarbeiten soll, die eine breite gesellschaftliche Unterstützung finden. Die Idee war, das Thema Klima zu einem entscheidenden Thema im Wahlkampf zu machen, an dem sich die Kandidat:innen messen müssen.

Nach acht Tagen bekamen wir einen Anruf. Am anderen Ende der Leitung war die Kanzlerkandidatin der Grünen, Annalena Baerbock, die uns ermahnte, mit dem Hungern aufzuhören.[11] Ähnlich verhielten sich andere Politiker:innen, die sich bei uns oder gegenüber den Medien zum Hungerstreik äußerten: Sie alle stellten unser Handeln – den Hungerstreik – als Problem dar, und nicht die Klimakatastrophe und das ausbleibende politische Handeln, welches uns zu dieser Tat gebracht hatte. Ein Politiker, der auf dem Weg vom Bundestag zum Hauptbahnhof an unserem Camp vorbeilief, rief uns zu: »Ihr schadet dem Klima!«

Nach fast 30 Tagen Hungerstreik, als mehrere Aktivist:innen bereits im Krankenhaus behandelt werden mussten, stimmte schließlich Olaf Scholz einem öffentlichen Gespräch zu.[12] Robert Habeck besuchte das Camp und stellte sich einer Diskussion mit zwei Hungerstreikenden.[13] Auch wenn damit nur ein Teil unserer Forderungen erfüllt war, markierte dies das Ende des Hungerstreiks.

Das verabredete Gespräch mit Olaf Scholz fand im November 2021 statt. Für uns zeigte dieses Gespräch sehr deutlich, dass der gewählte Bundeskanzler die Klimakatastrophe nicht ernst genug nahm. Er beteuerte zwar, in seiner Amtszeit notwendige Maßnahmen für das Abwenden der Klimakatastrophe umsetzen zu wollen, allerdings konnte er von keinen konkreten Plänen berichten. Er verwies gleichzeitig immer wieder auf die deutsche Stahlindustrie, die man mit ambitionierter Klimapolitik nicht gefährden dürfe, und nannte als Zielwert für Deutschlands Klimaneutralität das Jahr 2045 – ein Datum, das aus wissenschaftlicher Sicht viel zu spät ist und dem sowohl hierzulande als auch weltweit weitere Menschenleben zum Opfer fallen werden.

Nach dem Gespräch war klar, dass auch von der neuen Ampel-Regierung keine Lösung für die Klimakatastrophe zu erwarten war. Trotzdem war Aufgeben für uns keine Option. Für uns war glasklar, was es nach unserem Protest jetzt brauchte: Widerstand. Wir wollten nicht länger nur darauf hinweisen, dass die Welt, wie wir sie kennen, in erheblicher Gefahr ist, und dabei ungehört bleiben, wir wollten uns ihrer Gefährdung aktiv in den Weg stellen.

Kapitel 3

WIDERSTAND AUS DEN EIGENEN REIHEN

BEIDE Wir zementieren fragwürdige Regeln oft selbst, indem wir ihnen folgen und dabei vergessen, dass es sich um menschengemachte Regeln handelt. Zu vergessen, dass Regeln veränderbar sind, ist jedoch genau das, was den Status quo so dauerhaft macht. Denjenigen, die davon profitieren, fällt es dann leicht zu vermitteln, dass die Zustände genauso sind, wie sie sein sollen. »*So laufen die Dinge nun mal, und das sollten sie auch.*«

Aber diejenigen, die sich der Menschlichkeit entgegenstellen, müssen mit Widerstand rechnen.

Vollzeitaktivistin

HANNAH Durch den Hungerstreik verschoben sich auch meine Prioritäten im Leben, insbesondere die Bedeutung meines Studiums relativierte sich. Der tägliche Anblick meiner Mitaktivist:innen und zu sehen, wie sie immer schmaler und schwächer wurden, während sie Tag für Tag hungerten, hatte auch bei mir Spuren hinterlassen. Auch wenn ich selbst nicht gehungert hatte, war für mich symbolisch sichtbar geworden, wie wir alle dem Abgrund jeden Tag ein Stück näher kommen. Gleichzeitig wurden die Warnungen aus der Wissenschaft immer dringlicher. Wir haben nur noch ein gefährlich kleines und sich rapide schließendes Zeitfenster von einigen wenigen Jahren übrig, um die Klimakatastrophe überhaupt noch abzuschwächen. Danach ist der Zusammenbruch natürlicher, für den Menschen lebensnotwendiger Systeme wahrscheinlich kaum noch aufzuhalten.

Was konkret drohte, war das Überschreiten unumkehrbarer Kipppunkte im Erdklimasystem, wenn wir sie nicht bereits erreicht hatten. Der Anstieg der Temperaturen führt zum Beispiel zu mehr Waldbränden, die wiederum Emissionen ausstoßen, die die Temperaturen noch mehr ansteigen lassen, was wiederum zu noch mehr Waldbränden führt. Das ist nur einer von mehreren lebensbedrohlichen Kipppunkten, die die Wissenschaft benennt. Ihre Tragweite ist nicht zu unterschätzen, denn wenn sie einmal in Gang gesetzt sind, bedeutet es, dass sich der Zusammenbruch des Klimas verselbstständigt und außerhalb der menschlichen Kontrolle liegt. Er wird dann nicht mehr aufzuhalten sein. Wie Dominosteine, bei denen ein kippender Stein den nächsten zum Umkippen bringt. Wann und ob wir diese Kipppunkte überschreiten werden, hängt von vielen Variablen ab, die sich gegenseitig bedingen – besonders von der Entwicklung der Treibhausgasemissionen durch die Menschheit.[14]

Für mich war klar, dass das, was in den nächsten paar Jahren passierte oder nicht passierte, über das Schicksal der Menschheit mitentscheiden würde.

Und das bedeutete für mich: jetzt oder nie. Die Möglichkeit, mich unmittelbar gegen die Zerstörung unserer Lebensgrundlagen einzusetzen, würde – einmal vertan – nicht wiederkehren. Dauerte ein mehrjähriges Studium nicht zu lange? Würde es das Wissen und die Mittel bereitstellen, die ich für diese konkrete Aufgabe benötigte? Für diesen entscheidenden Moment war es vielleicht nicht diese Art von Studium, was ich brauchte. Mich zunehmend unabhängig von einem festgeschriebenen Lehrplan anlassbezogen zu informieren und weiterzubilden und dann zielgerichtete Maßnahmen zu treffen, erschien mir zeitgemäßer und krisentauglicher.

Wie ich hatten viele andere Menschen in der Klimabewegung ihren Protest immer in ihrer Freizeit organisiert, während sie daneben arbeiteten oder studierten. Bei vielen konnte ich diese Entwicklung und den konsequenten und radikalen Schritt zum Vollzeitaktivismus nun auch beobachten.

Aus dem Hungerstreik gingen zwei Gruppen hervor. Ich gründete mit einigen anderen Aktivist:innen des Hungerstreiks im Herbst 2021 die Gruppe *Der Aufbruch,* zeitgleich gründeten andere die *Letzte Generation.* In der Politik gab es trotz unseres Einsatzes und unserer Bereitschaft, bis zum Äußersten zu gehen, weiterhin keine Anzeichen für ein entschlossenes Handeln. Die Emissionen stiegen weiter. Ich verfolgte mit *Der Aufbruch* das Ziel, die Klimabewegung zu vergrößern und eine breitere Unterstützung aufzubauen. Wir sahen unsere Strategie darin, Menschen aller Gesellschaftsgruppen dazu zu ermutigen, sich für den Erhalt ihrer eigenen Lebensgrundlagen einzusetzen. Unser Ziel war, über die klassischen »aktivistischen« Kreise hinaus Menschen in der großen schweigenden Mehrheit zu erreichen. Jede und jeder sollten sich niedrigschwellig aktiv einbringen und engagieren können und gemeinsam eine große Wirkung entfalten. Dafür wollten wir attraktive Möglichkeiten schaffen. Aktivismus soll nicht nur langfristige und nachhaltige Lösungen einfordern, sondern das Leben auch kurzfristig bereichern, nicht belasten.

Für die meisten Menschen ist das Leben in den Systemen des Alltags hart und anstrengend genug, was könnte sie dennoch von einer Teilnahme in der Klimabewegung überzeugen? Ein besseres Leben sollte nicht mehr nur Teil unserer Theorien und Visionen, sondern gegenwärtige Realität unserer Organisation sein. Warum das auf später verschieben, wenn wir uns bereits jetzt die Freiheit dafür nehmen können?

Wir wollten Aktionsformen finden, die nicht nur die Klimakrise adressierten, sondern auch Lösungen für die Probleme von durch Armut, Einsamkeit oder Diskriminierung systematisch benachteiligten Menschen boten. Unser Ziel, das Klima zu retten, wurde um ein weiteres Ziel erweitert: soziale Gerechtigkeit.

Optimistin

CHIARA Das gelbe Gebäude, in dem sich unsere Wache befindet, setzt sich wie ein Farbklecks vom Grau des restlichen Hafengeländes ab. Oft ist es windig, es riecht nach Salz, und wenn die großen Fähren aus Skandinavien am Kai rangieren, stürzt sich eine Schar kreischender Möwen in die aufgewirbelte See. Wer zuerst da ist, macht den ersten Kaffee. Wir treffen uns zu Dienstbeginn in unserem Aufenthaltsraum, an der Wand hängt auf der einen Seite ein Fernseher, auf der anderen ein Foto des Bundesinnenministers. Der Raum ist kahl und nicht besonders groß, es ist gerade so viel Platz, dass alle am Tisch sitzen können.

Nach dem Hungerstreik legte ich ein leeres Tagebuch neben die Kaffeekannen. Ich hatte nur ein paar offene Kategorien in das Buch eingetragen – »soziale Gerechtigkeit«,

»Kriminalität« und »Verwaltung«. So wie die Aktivist:innen wollte auch ich mutig sein und problematische und ungerechte Regeln und Strukturen erkennen und durch bessere ersetzen. Ich stellte meiner Dienstgruppe das Buch vor und bat sie darum, jedes Mal eine Eintragung vorzunehmen, wenn ihnen ein Problem in diesen oder weiteren Themenbereichen auffiel. Dann wartete ich. Und erst einmal geschah eine Weile gar nichts. Aber warum nicht?

Ich hatte den Eindruck, dass es eigentlich genug Probleme gab. Immerzu gab es Beschwerden und wurde geschimpft, meine Kolleginnen und Kollegen sprachen die Probleme doch selbst ständig an? Es gab ein chaotisches Schwarzes Brett, jede Terminankündigung für eine Folgeschicht wurde noch inklusive Mailverlauf ausgedruckt und in einen jeden Tag des Monats durchnummerierten Ordner einsortiert, und weder Geldstrafen noch sonstige Leistungen konnte man per Karte bezahlen.

Ich grübelte und versuchte es schließlich mit einem Mittel, welches bei mir persönlich immer zum Erfolg geführt hatte. In dem Moment, wo wieder jemand schimpfte, ermutigte ich meine Gruppe dazu, diesen Gedanken aufzuschreiben. Beharrlich holte ich das Buch währenddessen immer wieder aus meinem Spind und legte es zu Dienstbeginn in die Mitte unseres Tisches.

Es dauerte noch ein paar Kaffeerunden, doch dann fand ich die erste Eintragung. Sie wies darauf hin, dass wir auf unserer Wache keinen Müll trennten. Es gab einfach einen Müll für alles. Dieser sollte der erste Eintrag von vielen folgenden werden.

Immer mehr Probleme, wie beispielsweise die ständige Papierverschwendung, wurden in dem Buch notiert, aber auch Ungerechtigkeiten wie die Kriminalisierung von Familienvätern als Schleuser für alle sichtbar gemacht.

Mit wachsender Selbstsicherheit und zunehmendem Bewusstsein nahmen die Einträge immer umfangreichere Dimensionen an. Warum werden Flüchtende zu Straftätern erklärt und sollen ihre Verfahren auch noch selber bezahlen? Warum funktionierte die Zusammenarbeit mit dem Zoll und anderen Behörden nicht, wenn es hingegen um die Ausbeutung ausländischer Arbeitskräfte durch deutsche Unternehmen ging?

Die Problemsammlung in unserer Dienstgruppe wurde noch einmal übertroffen, als ich zu den jeweiligen Kategorien zwei weitere Bereiche hinzufügte: nämlich Lösungen und Kontakte. »*Wo ist das Buch? Ich hab eine Idee!*«, schallte es nun oft über den Flur zwischen unserer Wache und den Vernehmungsräumen. Probleme in das Buch einzutragen wurde zu einem richtigen Event, an dem sich alle beteiligten.

Mit dem Gefühl, zusammen etwas bewegen zu können, zog ein Wandel ein, der auch noch einen weiteren Effekt bereithielt: Andere Dienstgruppen äußerten sich bei Schichtwechseln erstaunt über die gute Stimmung in unserer Gruppe, eine ganz neue Form der Motivation und des Miteinanders war zum Leben erwacht. Ganz von sich aus räumten meine Kolleginnen und Kollegen Schränke auf, backten Kuchen und verhalfen sogar ihrer Uniform zu neuem Glanz.

Als unsere Sammlung einen gewissen Umfang erreicht hatte, überführte ich alle Notizen in ein digitales Dokument. Ich nannte es »Problemstellungen und Lösungsalternativen in der Bundespolizeiinspektion«. Zu jedem einzelnen Problem waren nicht nur mögliche Lösungen notiert, sondern auch jemand, der die Fähigkeiten und das Interesse hatte, sich darum zu kümmern.

Unsere direkten Vorgesetzten unterstützten unser Engagement und vereinbarten einen Termin mit der Inspektionsleitung, an dem wir unsere Ergebnisse vorstellen könnten.

Meine Freude darüber sollte jedoch nicht von langer Dauer sein.

Eine Woche vor dem vereinbarten Termin übersandte ich unser Dokument auf dem Dienstweg – also über meine direkten Vorgesetzten – an die Inspektionsleitung. Diese Transparenz empfand ich als fair und notwendig, um die Zeit während des Termins effektiv für Rückfragen und anschließende Absprachen zu nutzen.

Doch dann wurde die verabredete Anwesenheitsliste für den Termin auf einmal kurzfristig angepasst. Plötzlich durfte ich nicht mehr mit meiner Gruppe erscheinen, mein direkter Vorgesetzter musste dabei sein, und als ich den Raum betrat, saßen neben inspektionsleitenden Beamten auch mehrere andere ranghohe Beamte an einem großen Tisch. Ich war die einzige Frau im Raum, hatte die niedrigste Amtsbezeichnung und war mit Abstand die Jüngste.

Die erste Frage war an meinen Vorgesetzten gerichtet. Er wurde gefragt, ob er *»davon gewusst«* hätte. Er bejahte und sprach auch seine wertschätzende und unterstützende Haltung dazu aus. Dann wurde ich regelrecht unter Druck gesetzt.

Um auf eine Entkriminalisierung von Geflüchteten hinzuwirken oder den Tatbestand der Schleusung für Familienverbände anders zu bewerten, hatten wir eine kurzfristige Lösung mit der zuständigen Staatsanwaltschaft vorgeschlagen. Außerdem die Wegbereitung für eine langfristige Lösung in Form eines initiativen Berichtes an das Bundespolizeipräsidium mit dem Vorschlag einer Gesetzesänderung. Auf diesen Beitrag hin wurde mir unterstellt, mit meinen Vorwürfen die gesamte Dienststelle zu kriminalisieren und jeden einzelnen Beamten einer Straftat zu bezichtigen. Ich sollte nun ganz genau aufpassen, was ich sagte. Jeder einzelne Punkt wurde in dieser Weise auseinandergenommen; ich hatte den Eindruck, nur eingeladen worden zu sein, um mir verdeutlichen zu lassen, dass alles unter Kontrolle und in bester Ordnung sei.

Diese erdrückende Machtdemonstration widersprach meinem Verständnis von Staatsbürger:innen in Uniform mit all ihren Rechten und Pflichten innerhalb einer demokratischen Wertegemeinschaft zutiefst. Nur ein paar Wochen zuvor hatte ein höherrangiger Beamte meinen tatenlosen Streifenpartner belehrt, während ich mich im selben Raum mit Kolleg:innen abstimmte. »Sehen Sie«, sagte er zu ihm, »Beamte müssen immer beschäftigt sein. Dann hinterfragen sie die Sinnhaftigkeit ihres Handelns nicht. Abends gehen sie nach Hause, trinken ein Bier und alles ist gut.« Offenbar wurde mir zum Verhängnis, dass ich meine Dienstgruppe dazu ermutigt hatte, die Sinnhaftigkeit ihres Handelns zu hinterfragen.

Kurz nach diesem Gespräch wurden die an den Vorschlägen beteiligten Beamt:innen meiner Gruppe von heute auf morgen in andere Bereiche der Inspektion umgesetzt. In den schriftlichen Verfügungen wurde zwar die Freiwilligkeit der Betroffenen behauptet, tatsächlich waren wir damit nicht einverstanden, waren fassungslos, traurig und wütend über diese Entscheidungen. Kein Widerspruch, kein Protest half, die Personalumsetzungen zu verhindern und unsere Gruppe zusammenzuhalten.

Meine Zweifel waren der Überzeugung gewichen, dass weder an dieser Dienststelle noch in vielen anderen gesellschaftlichen Zusammenhängen tatsächlich alles unter Kontrolle, geschweige denn in Ordnung war. Das war einerseits ernüchternd, andererseits bestärkte mich die offensichtliche Ungerechtigkeit, mit der meine Kritik abgewehrt wurde, und die Willkür der anschließenden Personalentscheidungen erst recht dazu, Widerstand zu leisten.

Von nun an schenkte ich den Berichten anderer Kolleginnen und Kollegen mehr Aufmerksamkeit. Ich fragte konkret nach und erfuhr von immer mehr gewaltvollen Vorfällen struktureller und zwischenmenschlicher Natur. Geschichten von Sanktionen, Erniedrigungen, Ausgrenzung, Drohungen und Machtspielen gegenüber amtsniedrigeren Kolleg:innen. Ich nahm Kontakt mit Beamt:innen von Personalrat und Gewerkschaften auf. Sie bestätigten mich und berichteten von jahrelangen Bemühungen gegen diese Gewalt. Allerdings waren auch sie mehr oder weniger in den Händen der Autoritäten gefangen. In ihrer Funktion als Personalvertretende wurden sie regelmäßig übergangen, wenn Vorfälle unter den Teppich gekehrt oder heruntergespielt werden sollten. Gleichzeitig waren sie als einfache Polizeibeamt:innen den fragwürdigen Entscheidungen und Maßnahmen leitender Beamter genauso ausgesetzt wie alle anderen.

Einige Zeit und viele Gespräche später war klar, dass mindestens die Hälfte der Beamt:innen an der Dienststelle von ähnlichen oder noch schlimmeren Vorfällen manipulativen Verhaltens betroffen war. An ein gemeinsames und gesundes Leben und Arbeiten war hier nicht zu denken.

Ein neues System

HANNAH 2021 besuchte ich Lützerath zum ersten Mal. Dieser Ort faszinierte mich so sehr, dass ich in den darauf folgenden Monaten immer wieder dorthin zurückkehrte und er 2022 schließlich für einige Zeit zu meinem Zuhause wurde.

Lützerath war ein kleines Dorf im rheinischen Braunkohlerevier nahe Köln. Das Dorf wurde im September 2020 von Klimaaktivist:innen besetzt und sollte später zum Schauplatz des Kampfes um Klimagerechtigkeit werden. Im Januar 2023 sollte Lützerath Garzweiler II weichen, einem der größten Tagebauen Europas.

Bereits zu diesem Zeitpunkt hatte Garzweiler II eine erhebliche Auswirkung auf die Umwelt und die umliegenden Gemeinden, riesige Flächen wurden abgebaggert, und viele Menschen hatten ihre Heimat verloren, weil ihre Häuser der Braunkohleförderung weichen mussten. Ganze Dörfer wurden umgesiedelt, und Lützerath und seinen Bewohner:innen drohte das gleiche Schicksal. Studien belegten, dass Deutschland seinen Beitrag zur 1,5-Grad-Grenze des Pariser Abkommens nicht würde halten können, wenn die Kohle unter Lützerath zur Energiegewinnung verfeuert würde.[15] *»Die 1,5-Grad-Grenze verläuft hier!«* konnte man überall in Lützerath deshalb auf Bannern lesen.

In Lützerath stellten wir uns nicht nur der Zerstörung entgegen – wir schufen auch ein neues System: Lützerath wurde zur lebendigen Utopie. Wir verbanden den Kampf für eine bessere Welt und das gute Leben im Hier und Jetzt in dem besetzten Dorf miteinander. Mehrere Hundert Menschen lebten während der Besetzung in Lützerath, in Baumhäusern, in Häusern oder in Wohnwagen. Der Unterschied zu einer normalen Stadt war, dass alle Grundbedürfnisse wie Essen, Unterkunft und Gemeinschaft bedingungslos für alle dort lebenden Menschen erfüllt wurden und es nichts gab, was diesbezüglich dafür sorgte, dass die einen benachteiligt und die anderen bevorzugt wurden.

Immer wieder kamen Besucher:innen vorbei, die sich im Dorf umsahen und fragten: *»Wer ist denn hier der Chef?«* Auch ich ertappte mich unmittelbar nach meiner Ankunft noch einige Tage dabei, nach Autoritäten Ausschau zu halten. Wer macht hier die Regeln? Nach wem muss ich mich richten? Was sind überhaupt die Regeln? Etwas in mir verlangte unterbewusst nach dieser Information, wahrscheinlich mit dem Ziel, mich dem möglichst schnell anzupassen. Dass ich keine Menschen in Führungspositionen ausmachen konnte, verunsicherte mich zunächst. Mit der Zeit erkannte ich jedoch, dass dieses Gefühl dem entsprang, was mir bis jetzt in vielen Kontexten, beginnend in Kindheit und Schule, beigebracht wurde. Ich hatte dadurch die Einschätzung angenommen, dass Hierarchie und Autorität – zumindest zu einem bestimmten Grad – unbedingt nötig wären, um Chaos zu vermeiden. Ich war zutiefst davon beeindruckt, in Lützerath ein reibungslos funktionierendes Leben weitgehend frei von Hierarchie und Autorität vorzufinden.

Erst dieses tatsächliche Erleben einer alternativen Idee von gemeinschaftlichem Zusammenleben ließ mich ganz bewusst wahrnehmen, wie normal es innerhalb unseres gewohnten Alltags ist, dass die Werte und Bedürfnisse bestimmter gesellschaftlicher Gruppen überrepräsentiert sind, während viele andere Menschen benachteiligt und weniger menschlich behandelt werden. Sie werden stigmatisiert und diskriminiert, weil sie nicht in die Logik eines Systems passen, welches zwar für alle Gültigkeit hat, aber nicht von allen mitgestaltet wurde.

Unter den Bewohner:innen Lützeraths herrschte eine große Bereitschaft, darüber zu reflektieren, wie jede:r von uns innerhalb dieser patriarchalen Strukturen dazu geprägt und sozialisiert wurde, sexistisch, rassistisch und anderweitig diskriminierend zu denken, und wie wir diese Denkmuster abbauen können, um eine inklusive und gerechte Gesellschaft zu schaffen. Viele der im alltäglichen Sinne Privilegierteren – also zum Beispiel solche, die nicht von Rassismus oder Sexismus betroffen waren – erkannten dabei ihre besondere Verantwortung, um damit bedeutende Hebel für mehr Freiheit und Gleichheit in Bewegung zu setzen, indem sie zum Beispiel dafür sorgten, denjenigen, die in Diskussionen sonst weniger zu Wort kommen, mehr Raum zu geben. Sich auf persönlicher Ebene weiterzuentwickeln ist die Voraussetzung dafür, dass eine ganze Gemeinschaft oder Gesellschaft sich ändert und die Beziehungen untereinander gerechter werden.

In Lützerath war die Regel, dass es keine starren Regeln gibt. Es gab eher Vereinbarungen, die das alltägliche Leben strukturieren und vereinfachen sollten, aber nie wurde ein Einzelinteresse zu einer allgemeingültigen und unverrückbaren Regel erhoben – im Fokus standen das Wohlergehen der Gemeinschaft und aller darin beteiligten Individuen. Und dafür brauchte es keine Gesetze und Hierarchien – der Schlüssel dafür, dass Menschen sich kooperativ und verantwortungsbewusst verhielten, war der Konsens über gemeinsame Werte, in denen sich alle wiederfinden konnten. Die Regeln, die es für die Organisation der Gemeinschaft gab, wurden nicht von einer kleinen Gruppe Menschen erarbeitet und in einem Über-Unterordnungsverhältnis durchgesetzt, sondern die Gemeinschaft gab sich ihre Regeln selbst und verhielt sich entsprechend sensibel. Wenn Regeln nicht mehr passten oder jemand das Gefühl hatte, sie müssten überdacht werden, dann wurde diese Kritik ernst genommen und als Verbesserungspotenzial gesehen. Wie althergebracht eine Regel war und wie lange sie sich als sinnvoll erwiesen hatte, wurde nicht als Kriterium dafür herangezogen, wie geeignet sie für die Gegenwart und die Zukunft war.

Für anfallende Aufgaben trafen wir uns in flexiblen Gruppen, die in einem ständigen und gleichberechtigten Austausch miteinander standen. Einen zeitlich und inhaltlich vorgegebenen Arbeitszwang gab es nicht, alle trugen bei, was sie konnten und wollten. Das erwies sich nach meiner Einschätzung als bemerkenswert effektiv. Vor allem auch deshalb, weil jede Arbeit auch als solche gesehen wurde. Kochen, Wäsche waschen, Kinder begleiten – insbesondere die Haushalts-, Pflege- und Sorge-Arbeit – werden in unserem Alltag meist nicht als »Arbeit« bewertet, sondern gelten als viel zu selbstverständlich im Verhältnis dazu, was für ein erheblicher Zeit- und Energieaufwand dafür aufgebracht werden muss. In Lützerath galt alles als Arbeit, was der Gemeinschaft zugutekam. Dazu gehörte auch, sich um gemeinsame Ressourcen zu kümmern, ob es das Ernten von Gemüse aus dem Garten war, oder das Beschaffen und Aufbereiten von Baumaterialien, die größtenteils vor der Mülltonne gerettet wurden.

Gemeinsamer Konsens war auch, dass es immer ausreichend Zeit und Raum geben musste, um sich zu regenerieren, sich genug Zeit für sich selbst und für wichtige soziale Beziehungen zu nehmen. Niemand sollte unter Stress leiden. Wer müde war und keine Lust hatte, bei der Vorbereitung des Essens, dem Abwasch oder dem Bauen von Baumhäusern zu helfen, verbrachte die Zeit damit, mit Freundinnen und Freunden Kaffee zu trinken, Gespräche zu führen oder Karten zu spielen. Ich konnte an mir beobachten, dass schon allein der fehlende Zwang dazu führte, dass ich sehr motiviert und eigeninitiativ zur gemeinschaftlichen Arbeit beitrug.

Indem wir teilten, was wir besaßen, war die Gemeinschaft insgesamt reicher, als wenn alle Menschen sich auf ihren eigenen Besitz zurückgezogen hätten. Ich reiste mit ein paar Büchern und einer Gitarre an, die ich der Gemeinschaft zur Verfügung stellte, und konnte dafür die Waschmaschine und den Akkuschrauber benutzen, die andere vor mir organisiert hatten. Dafür war das Wohnkonzept so aufgebaut, dass alle ihre persönlichen Rückzugsorte besaßen und alle anderen

Räume in funktionale Bereiche aufgeteilt waren. Es gab eine Bibliothek, eine Disko, Sportplätze und Gemüsegärten. Es fand sich immer jemand für gemeinsame Abende mit der Gitarre am Lagerfeuer, genauso wie es vollkommen akzeptiert war, wenn sich jemand beim Abendessen alleine hinsetzte und damit kommunizierte, nicht in der Laune für Gespräche zu sein. Ich besuchte verschiedene Veranstaltungen – oder bot selbst welche an. Sehr beliebt waren auch Skillshares (= Fähigkeiten teilen), bei denen Menschen, die über ein besonderes Wissen oder eine bestimmte Fähigkeit verfügten, diese in einem entspannten und informellen Rahmen mit anderen Interessierten teilen konnten. Ich fragte mich oft, wie viel aus der Schule ich wohl hätte für mich mitnehmen können, wenn es dort ein ähnliches Konzept gegeben hätte. Ich lernte zu klettern, zu häkeln, zu schnitzen, Möbel zu bauen und andere praktische Fähigkeiten, die für mich und die Gemeinschaft von direktem Nutzen waren. Außerdem gab es Informations- und Diskussionsveranstaltungen, bei denen ich mein Wissen zu allen möglichen politischen Themen erweitern konnte.

Es gab noch einen weiteren erheblichen Unterschied zu der Art Gesellschaft, die ich bis dahin kennengelernt hatte: In Lützerath gab es keine Polizei, und es vermisste sie auch niemand. Warum auch? Das, was wir im Allgemeinen unter »Kriminalität« verstehen, gab es hier praktisch nicht. Die meisten Türen hatten keine Schlösser. Wir kümmerten uns gemeinsam um das, was wir zum Leben brauchten, warum sollten wir einander etwas klauen? Wir kannten und schätzten uns untereinander, und der Anreiz, die gute Gemeinschaft zu erhalten, war viel höher als der, nach mehr Besitz zu streben und dafür andere zu schädigen. Hätte es jemandem an etwas gefehlt, wäre das ein Grund für einen gemeinsamen Prozess gewesen, um der Person zu helfen, nicht für einen Diebstahl. Das Letzte, was wir hier brauchten, war eine bewaffnete Einheit, die unter Androhung von Gewalt und Strafe für »Ordnung« und »Sicherheit« sorgte.

Stattdessen gab es ein sogenanntes Awarenessteam (engl. awareness = Bewusstsein, achtsam sein), das dafür verantwortlich war, dass alle sich wohlfühlten und gerecht behandelt wurden. Statt aus Pfefferspray und Knüppel bestand ihre Ausstattung aus einem offenen Ohr und der Bereitschaft zu helfen. Sie fungierten als Mediator:innen, um Konfliktparteien dabei zu unterstützen, ihre Streitigkeiten in Ruhe aufzuarbeiten und zu besprechen und zu einer gemeinsamen Lösung und einer Versöhnung zu kommen. Ob man eine unangenehme Situation erlebt hatte, einen Schlafplatz benötigte oder einfach Redebedarf hatte – wir konnten uns jederzeit an das Awarenessteam wenden, und uns wurde geholfen. Die Besetzung des Awarenessteams wechselte regelmäßig – je nachdem, wer darauf Lust hatte.

Für mich war Lützerath ein Paradies. Nie in meinem Leben war mein Gefühl von Solidarität und Zusammengehörigkeit größer als an diesem Ort. Wir kämpften gleichzeitig für den Erhalt dieses kleinen Dorfes und für eine grundlegende Änderung des Systems, in dem alle so ungezwungen und glücklich zusammenleben könnten wie in Lützerath. Dass es Menschen gab, die ein Interesse daran hatten, diesen Ort zu zerstören, bedeutete für mich, dass wir einigen Missverhältnissen und Missverständnissen in unserer Gesellschaft zu Fragen der allgemeinen »Sicherheit« und »Ordnung« auf den Grund gehen müssen.

Nestbeschmutzerin

CHIARA Es schockierte mich maßlos, dass ich auf immer mehr Geschichten über Kriminalität in *der* Behörde stieß, deren Aufgabe eigentlich die Verhinderung und Verfolgung von Kriminalität ist. Mitten in der Polizei taten sich Abgründe auf, deren Boden auch nach ein paar Wochen nicht einmal zu erahnen war. Geschichten über Erpressungen, gegenseitige Observationen, Erniedrigungen und Rufschädigungen. Ich wollte meinen Ohren nicht trauen, aber was sollte der Grund für so viele voneinander unabhängige, aber immer in ähnlicher Weise wiederkehrende Berichte sein, wenn nicht die Wahrheit? Warum hätte ich sie nicht ernst nehmen sollen? Für mich war klar, dass ich handeln musste. Ein externer Polizeibeauftragter für die Polizeien des Bundes sollte erst 2024 eingerichtet werden, und so entschied ich mich dafür, bei der zuständigen und übergeordneten Direktion Beschwerde gegen einen höherrangigen Beamten einzulegen, um den Mitarbeitenden Gehör und den Missständen Abhilfe zu verschaffen.

Allerdings gab es ein schwerwiegendes Hindernis: Es traute sich niemand, diese Vorfälle offiziell zu protokollieren. Vertreter:innen von Personalrat und Gewerkschaften hatten mich vorgewarnt – ihre derartigen Bemühungen seien oft daran gescheitert, dass betroffene Beamt:innen gegenüber übergeordneten Ebenen als unglaubwürdig dargestellt oder erfolgreich zum Schweigen gebracht worden wären. Und wo alle schwiegen, schien alles in Ordnung zu sein. Dabei war die Realität offenbar eine gänzlich andere.

Wollte ich noch zu meinem Dienstantritt in Norddeutschland nicht vorschnell urteilen, empfand ich den Zynismus unter den Kolleginnen und Kollegen nun als so grau wie die Wände der alten Hafengebäude. Eine seelische und geistige

Trägheit hing in den Fluren. Viele Kolleginnen und Kollegen wirkten gebrochen, so als hätten sie innerlich gekündigt. Manche so sehr, dass sie nicht dazu in der Lage waren, über ihre Erfahrungen zu sprechen. Einige rationalisierten und relativierten das Verhalten des höherrangigen Beamten: *»Den muss man so nehmen, bis er in den Ruhestand geht«*, sagten sie.

Gerade hatte dieser Beamte, dessen Name in Verbindung mit so vielen unglaublichen Geschichten besonders häufig fiel, einen Antrag auf die Verlängerung seiner Dienstzeit gestellt. Trotzdem oder gerade deswegen erklärten sich schlussendlich doch einige Kolleginnen und Kollegen zu einer gemeinsamen Beschwerde bereit. Gegen ein paar von ihnen waren bereits Disziplinarverfahren geführt worden. Sie hatten entweder nichts mehr zu verlieren oder waren sehr mutig. Oder beides. Die Dichte der Disziplinarverfahren war nach meiner subjektiven Wahrnehmung an dieser Dienststelle insgesamt sehr hoch, genauso wie der Krankenstand.

Unser Vorhaben blieb nicht unbeobachtet, und dann begannen die Spielchen des Beamten, gegen den wir die Beschwerde einlegen wollten. Beispielsweise versuchte er, einen Termin während meines Urlaubs zu erzwingen. Er rief mich mehrfach an, und als ich seinem Terminvorschlag widersprach, tat er so, als hätte er mich akustisch nicht verstanden, und beendete das Gespräch. Er versuchte, mich und andere – so wurde mir berichtet – immer stärker unter Druck zu setzen, mal drohte er mit einem anderen Dienstort, mal versprach er Belohnungen.

Neben mir blieben fünf weitere Polizistinnen und Polizisten standhaft in unserem Vorhaben, wenngleich noch viele andere ihre wenig optimistischen Hoffnungen in uns legten. Wir legten offiziell Beschwerde ein – ein drastischer Schritt, doch ich konnte es mit meinem Gewissen nicht mehr vereinbaren, die Zustände, so wie sie mir erschienen, einfach zu akzeptieren. Menschen nahmen Schaden – meine Kolleg:innen, ich, die Menschen, für deren Sicherheit und Schutz wir zuständig waren.

In unserer Beschwerde baten wir unter anderem auch darum, Verstöße gegen die Beamtenpflichten zu prüfen. Wir legten die Niederschriften dessen bei, was uns persönlich widerfahren war, aber ich hatte auch die Beschreibungen verschiedener Vorfälle durch andere Kolleginnen und Kollegen zu einer Schilderung sich wiederholender Muster zusammengefasst. Ich betonte die Notwendigkeit der Schaffung eines sicheren Rahmens, in dem weitere betroffene Beamt:innen ihre persönlichen Erfahrungen angstfrei teilen könnten. Ich regte eine umfassende Überprüfung durchgeführter Personalumsetzungen und Polizeiuntauglichkeitsverfahren und eine Mitarbeiter:innenbefragung zu verschiedenen Themen an, um unanfechtbar aufzuzeigen, was in unserer Dienststelle alles schieflief.

Unsere Schilderungen waren dringlich, dennoch blieb eine unmittelbare Reaktion durch die Direktion aus. Stattdessen erhielt ich Anrufe von verschiedenen Personen, darunter auch aus den Personalvertretungen, die mir sagten: *»Das war mutig von dir, aber wenn mich jemand danach fragt, habe ich von nichts gewusst.«* Ich stand zunehmend alleine da, auch wenn mir hinter vorgehaltener Hand viele Kolleg:innen recht gaben. Aus Angst vor persönlichen Konsequenzen wollte kaum jemand offen zu mir und meiner Kritik stehen. Stattdessen warteten sie lieber ab, mit welchen Entscheidungen die Direktion ein Exempel an mir statuieren würde, um sich dann in ihrer Angst bestätigt zu fühlen. Sie warnten mich: *»Du hast dich verbrannt, sie werden mit aller Macht gegen dich vorgehen.«* Und genau das geschah.

Polizeigewalt

HANNAH Lützerath war fast drei Jahre besetzt, bis im Januar 2023 die Bulldozer anrollten, um Platz für den Kohleabbau zu schaffen. Was Menschen in Einklang mit der Umwelt und in einer gerechten Gemeinschaft mühevoll aufgebaut hatten, mein Paradies, wurde innerhalb von wenigen Tagen zerstört. Alle Bauten und Häuser wurden abgerissen, die Menschen vertrieben.

Zehntausende Menschen, darunter auch Greta Thunberg, reisten aus ganz Europa an, um sich in einer letzten Protestwelle gegen die Zerstörung Lützeraths aufzubäumen. Zehntausende demonstrierten auf einem matschigen Acker gegen den Abriss. Lützerath existiert heute nicht mehr, sondern ist nur noch ein kleiner brauner Fleck inmitten eines der größten Tagebaue Europas.

Der Abriss Lützeraths war aber auch noch aus weiteren Gründen ein Skandal. Eine Untersuchung des Deutschen Instituts für Wirtschaftsforschung mit anderen Forscher:innen kam zu dem Ergebnis, dass die Kohle unter Lützerath für die Energieversorgung in Deutschland nicht notwendig war. Prof. Dr. Michael Sterner, Leiter der Forschungsstelle Energienetze und Energiespeicher an der Hochschule Regensburg, schlussfolgerte, dass die politische Entscheidung für den Braunkohleabbau unter Lützerath aus wirtschaftlichen Gründen und nicht aus Gründen der Versorgungssicherheit erfolgt sei.[16]

Der Niedergang Lützeraths wurde zum Symbol einer brutalen Realität. Es bedeutete, dass wieder einmal nicht nur die Heimat der Menschen vor Ort, sondern auch die Lebensgrundlagen aller Menschen auf der ganzen Welt für die finanziellen Interessen eines Großkonzerns geopfert und aufs Spiel gesetzt wurden. Einmal mehr wurde offenbar, dass das

System, in dem wir leben, Profit und Wachstum auf Kosten von Mensch und Natur priorisiert.

Hundertschaft um Hundertschaft rückten an, und die Polizei erledigte ihren Job, bis nichts mehr übrig war. Was blieb, war ein schaler Beigeschmack, die Gewalt hatte ein letztes Machtwort gesprochen. Hier wurde kein Problem gelöst, der ungelöste Konflikt ums Klima schwelte weiter. Und es war abzusehen, dass er sich in Zukunft nur umso heftiger seinen Weg bahnen und dass die Polizei mit immer größerer Gewalt vorgehen würde, solange dieser Konflikt nicht gelöst wird.

Den Berichten meiner Freundinnen und Freunde zufolge erreichte die Polizeigewalt in Lützerath ein schreckliches Ausmaß. Ich war bereits vor der endgültigen Räumung abgereist – ich hielt den Schmerz über meinen Verlust und die Angst vor der Gewalt nicht aus.

Aber seitdem ich mich als Aktivistin gegen die Klimakatastrophe engagiere, habe ich viel und stetig zunehmende Polizeigewalt erlebt. *»Ich verstehe gar nicht, warum wir diese Chaoten räumen müssen«*, hörte ich Polizisten direkt neben uns sagen. *»Ich wünschte, wir könnten die Spinner einfach von den Bäumen schießen.«* Ich wurde oft durch Schlagstöcke verletzt, ich wurde eingekesselt und von bewaffneten Männern beleidigt und erniedrigt. Mehrmals sah ich, wie andere Aktivist:innen ins Krankenhaus eingeliefert wurden, weil Polizisten bei der Räumung einer Waldbesetzung trotz eindringlicher Warnrufe Seile durchschnitten, die einen Menschen in den Bäumen sicherten, sodass er aus mehreren Metern Höhe zu Boden stürzte. Mehr noch als mein eigener Schmerz schmerzt mich, wenn ich Freundinnen und Freunde leiden sehe, die sich gerade in diesem Moment für die Welt einsetzen und dabei verletzt werden.

Was ich an der Gewalt durch Polizist:innen, egal ob an mir oder an anderen, so unerträglich finde, sind aber nicht nur die offensichtlichen Verletzungen. Schlimmer sind die unsichtbaren Schmerzen und das Ausgeliefertsein. Niemand sieht, was Pfefferspray in den Augen verursacht. Niemand sieht die Orientierungslosigkeit. Niemand sieht, wenn wir vor lauter Schmerz in den Beugehebeln der Polizistinnen und Polizisten kaum noch atmen können. Niemand sieht die Ohnmacht. Niemand sieht den seelischen Schmerz und die Traumata, die häufig noch Jahre später Leiden verursachen. Niemand sieht, wenn etwas in uns zerbricht. Aber am schlimmsten ist, was dieser Schmerz über unsere Gesellschaft aussagt. Es ist nicht allein das Ausmaß oder die Art der Gewalt.

Gewalt begegnet uns in den verschiedensten gesellschaftlichen Bereichen, sei es häusliche Gewalt, rechte Gewalt, Gewalt in Schulen – die Liste ließe sich leider noch lange fortführen. Aber die Polizeigewalt hebt sich davon ab, da sie Gewalt ist, die der Staat gegen die eigenen Bürger:innen anwendet. Und ich frage mich: Was ist das für ein gesellschaftliches System, welches Konflikte mit Gewalt löst? Ein Staat, der sich mit seinem Gewaltmonopol der Auseinandersetzung mit Menschen entzieht, die etwas verändern wollen? Ein Staat, der lieber gewaltvoll gegen den Willen zur Veränderung vorgeht, anstatt sich offen, kritik- und dialogfähig zu zeigen? Wie ein System, eine Gesellschaft oder eine Institution mit abweichenden Meinungen und Verhaltensweisen umgeht, zeigt, wie es um jenes System bestellt ist. Nur starre Systeme, die aus sich selbst heraus keinerlei Reformvermögen aufbringen, richten sich gewaltvoll und strafend gegen jene, die sich für Reformen einsetzen. Ja, Gewalt kommt überall in unserer Gesellschaft vor. Aber Polizeigewalt ist systemische Gewalt, Polizeigewalt ist staatlich organisierte Gewalt.

CHIARA Ein halbes Jahr lang hatte es mich jedes Mal aufs Neue Überwindung gekostet, das Dienstgebäude zu betreten, in dem der Beamte, gegen den wir unsere Beschwerde eingelegt hatten, sein Büro hatte. Wenn ich ihm begegnete, fuhren mir sein durchdringender Blick und seine drohende Stimme durch Mark und Bein. Erst nach diesem halben Jahr wurde ich in die Direktion vorgeladen. Es gäbe noch Rückfragen zu meiner Beschwerde gegen den Beamten. Bis auf eine Eingangsbestätigung hatten wir bis dahin nichts erhalten.

In der Direktion angekommen, fand ich mich einem Bereichsleiter und seinem juristischen Beistand gegenüber. Man erklärte mir, dass die Besprechung zu lang für ein Protokoll werden würde und deswegen keines geführt werde. Hätte ich gewusst, was mich erwartet, hätte ich dieser unüblichen Prozedur widersprochen. Dann wurde mir offenbart, dass die Vorladung in Zusammenhang mit der Beschwerde nur ein Vorwand gewesen sei, der tatsächliche Grund seien disziplinarische Vorermittlungen gegen mich. Mir wurde Verschiedenes vorgeworfen: Aufruf zur »Meuterei«, das Umgehen des Dienstweges, das Zuwiderhandeln gegen staatsanwaltschaftliche Weisungen und die Beeinflussung von Geflüchteten bei Schutzersuchen. Ich konnte nicht glauben, was da gerade passierte.

Im Disziplinarrecht gibt es keinen spezifischen Verstoß namens »Meuterei«. Der Begriff wird im militärischen Kontext verwendet und bezieht sich auf eine unrechtmäßige, kollektive und organisierte Rebellion von Soldat:innen gegen ihre Vorgesetzten oder die Autorität des Staates. Für Polizist:innen könnte man unter Meuterei die beharrliche Verweigerung der Gehorsamspflicht (auch Folgepflicht) oder die Aufwiegelung anderer zur Verweigerung der Gehorsamspflicht verstehen, die durch § 62 Bundesbeamtengesetz (BBG) geregelt wird. Dies kann sich sowohl auf unmittelbare Anordnungen als auch auf die allgemeinen Richtlinien der Vorgesetzten beziehen. Ein Disziplinarverfahren ist ein formelles Verfahren, das eingeleitet wird, um das Verhalten einer Beamtin oder eines Beamten zu untersuchen, die oder der möglicherweise gegen Vorschriften oder Verhaltensstandards wie der Gehorsamspflicht verstößt. Die Folgen einer Pflichtverletzung können schwerwiegend sein und von Disziplinarmaßnahmen wie einer Verwarnung über eine Geldbuße bis hin zu einer Kürzung der Dienstbezüge, einer Degradierung oder der Entlassung reichen.

Der weitere Verlauf des Gesprächs war für mich verstörend. Ich solle ein schlechtes Gewissen haben, angesichts der Personalressourcen, die ich mit meinem Anliegen binde. Ich solle insgesamt mehr Demut zeigen. Ich hätte die anderen an der Beschwerde beteiligten Beamt:innen nur vor meinen Karren gespannt, sicher stünden sie nicht mehr hinter mir. Auf die Beteiligung der Personalvertretungen solle ich bei meiner Beschwerde keine große Hoffnung setzen, denn einige von ihnen seien nur eingerichtet worden, um die Einrichtung externer Polizeibeauftragter zu verhindern, und überhaupt sei die Beteiligung von Personalvertretungen an Personalentscheidungen lästiges Beiwerk.

Es gelang der Direktion nicht, ein Disziplinarverfahren gegen mich einzuleiten. Ich weiß sehr gut, was Recht und Gesetz ist, und kann eine Meuterei von einer berechtigten Kritik unterscheiden. Offenbar hatte ich es geschafft, das ausreichend darzustellen. Trotzdem war die Entscheidung bereits im Vorfeld gefallen, dass ich nicht in meine Gruppe zurückkehren, sondern in einer anderen Dienststelle in unmittelbarer Nähe des dortigen Dienststellenleiters meinen

Dienst verrichten würde – damit dort geprüft werden könne, ob ich *»noch zu leiten und zu lenken«* sei. Ich solle mich von dem Glauben verabschieden, dass ich ein Mitbestimmungsrecht hätte, und mich stattdessen bei dem höherrangigen Beamten und »Opfer« meiner Beschwerde entschuldigen. Er sei sehr enttäuscht von mir.

Kurze Zeit später erhielt ich einen Brief aus der Direktion. Darin wurden die anderen Beamt:innen, die gemeinsam mit mir die Beschwerde eingeleitet hatten und nie befragt wurden, für unglaubwürdig und die Angelegenheit insgesamt als erledigt erklärt.

Es vergingen ein paar Monate, bis ich all meinen Mut zusammennahm und auf den Brief antwortete:

> *»[…] Ich habe mich vergangenes Jahr voller Respekt und Vertrauen […] an Sie gewandt. Ich habe Sie um Ihre Unterstützung gebeten. Ich wollte Ihnen mit meiner Perspektive die Möglichkeit geben, Dinge zu reflektieren und die Wertevorstellung innerhalb der Bundespolizeiinspektion […] zu hinterfragen, welche nicht nur in meinen Augen in einem schweren Ungleichgewicht zum Nachteil der Mitarbeitenden liegt und Auswirkungen auf die Funktionsfähigkeit der Dienststelle und die Gesundheit der Mitarbeitenden haben könnte. […]*
> *Sie haben sich aus meiner Sicht einseitig und zielgerichtet informiert. […]*
> *Ich möchte abschließend noch einmal ganz deutlich formulieren, was mein Anliegen ist. Unsere Welt entwickelt sich rasant und wir sind mit immer neuen Herausforderungen konfrontiert, auf die eine Behörde wie unsere dynamisch, auf allen Ebenen verantwortlich und ausreichend kurzfristig reagieren können sollte. Es geht mir ausdrücklich NICHT*

darum, meine persönliche Meinung als einzig richtige und objektive Meinung darzustellen. Es geht mir darum, dass JEDE Meinung, jede Fähigkeit, jedes Bedürfnis, jedes Interesse ihre / seine Berechtigung hat und dass wir damit innerhalb der Gesellschaft und innerhalb unserer Behörde wohlwollend, vertrauensvoll, tolerant, transparent und dialogorientiert umgehen sollten. Und damit bildet mein Anliegen die aktuellen Inhalte des Leitbildes der Bundespolizei und die Werte einer demokratischen Gesellschaft und unseres Rechtsstaates ab, davor zeige ich sehr bereitwillig Demut.
[…]
[Ich lasse es abgesehen davon] nicht zu, dass durch fehlende Protokolle und das Verdrehen von Tatsachen die Inhalte meiner Meinung falsch dargestellt werden. Und ich behalte mir vor, dies auch an den Stellen, an denen ich es für notwendig halte, deutlich zu machen.
Neutralität ist keine Alternative, sondern in Wirklichkeit die schlechteste Wahl im Einsatz für wichtige gesellschaftliche Veränderungen. Wenn diese Angelegenheit über den Weg eines Verfahrens gegen mich […] Klärung findet, zeige ich mich dem gegenüber offen. Ihre Einschätzung, die Angelegenheit als erledigt betrachten zu können, teile ich jedenfalls nicht. Im Gegenteil, mein Eindruck wurde sogar bekräftigt.«

Als ich wenig später eine Antwort erhielt, die den Inhalt der ersten Antwort noch einmal bekräftigte, war ich bereits seit mehreren Wochen krankgeschrieben.

Burn-out

HANNAH In der unmittelbaren Zeit nach der Räumung von Lützerath war kein Platz für Gefühle, viel zu viel geschah, oder ich hielt die Gefühle von mir fern. Irgendwann aber hatte sich der Staub gelegt, ich spürte, was alles in mir vorging, und fiel in ein tiefes emotionales Loch.

Innerhalb von wenigen Tagen war mit Lützerath nicht nur das politische Projekt, in das ich meine Arbeit und meine Hoffnung gesteckt hatte, zerstört worden, sondern auch mein Zuhause und meine Gemeinschaft. Wie nach jeder Räumung folgten Ermittlungsverfahren und Gerichtsprozesse gegen Aktivist:innen der Klimagerechtigkeitsbewegung. Die Gegenseite klagte währenddessen niemand an. Die Polizei wurde für ihren gelungenen Einsatz gelobt. All das war so bezeichnend für die Machtverhältnisse, innerhalb derer sich unser Einsatz für das Klima abspielte.

Ich war die letzten Jahre immer wieder bis an meine Grenzen und darüber hinaus gegangen, und jetzt brach alles über mich herein. Ich war erschöpft, müde und unendlich traurig, und es fehlte mir jegliche Energie, um auch nur daran zu denken, einen einzigen Schritt weiterzugehen.

In diesem Teufelskreis aus Überarbeitung und Erschöpfung finden sich viele wieder, die sich mit leidenschaftlichem Einsatz für eine Sache engagieren. Die Häufigkeit von Burnout unter Aktivist:innen ist alarmierend hoch, und noch alarmierender war es, dass einige von uns bei ihrer ersten Erkrankung nicht einmal volljährig waren. Jugendliche, die an den komplexen Problemen, mit deren Lösung sie sich völlig alleingelassen fühlen, kaputtgehen.

Wenn alle Menschen unserer Gesellschaft Verantwortung für die Klimakatastrophe sowie für die Bewältigung anderer Krisen übernehmen und ihren Beitrag leisten würden, müsste es keinen »Aktivismus« geben, die Last würde sich auf alle Schultern verteilen.

Das Gefühl, als Klimaaktivistin zu einem gesellschaftlichen Feindbild gemacht worden zu sein, belastete mich zusätzlich. In Lützerath war die Presseresonanz vergleichsweise positiv, bei anderen Anlässen beobachtete ich jedoch, wie zunehmend negativ und feindselig über Aktivist:innen gesprochen wurde. Als Folge empfanden viele Menschen uns als Gegner:innen und begegneten uns mit Hass und Häme. Für die Botschaft, dass wir uns für, nicht gegen die Menschen einsetzen wollten, blieb kaum Platz. Das Vorgehen der Polizei gegen uns machte das Verhältnis zwischen uns und anderen Bürgerinnen und Bürgern nicht besser. Man bekämpfte uns, obwohl es doch so offensichtlich war, dass wir alle gemeinsam dabei waren, den Wettlauf gegen die Zeit zu verlieren. Es war so unglaublich viel zu tun. Doch ich hatte fast all meinen Glauben daran verloren, dass wir es jemals schaffen könnten.

Und dann fügten sich die Dinge so, wie es ich es wohl niemals für möglich gehalten hätte. In dem Moment, in dem ich mich so verloren wie niemals zuvor fühlte, kam aus einer völlig unverhofften Richtung neue Zuversicht in mein Leben. Es gab einen Menschen, der mir neue Hoffnung schenkte und der den Widerstand in mir in besonderer Weise zu neuem Leben erweckte.

Und es war ausgerechnet eine Polizistin.

Kapitel 4

EIN UNGEWÖHNLICHES BÜNDNIS

BEIDE Jede Freundschaft beginnt mit einer Begegnung. Manchmal bleiben Begegnungen beiläufig, fast zufällig, und manchmal haben sie die Kraft, das, was wir über die Welt zu wissen glauben, aus den Angeln zu heben. Als wir uns kennenlernten, ahnten wir noch nicht, wie sehr wir zu Verbündeten im Sinne der Menschlichkeit werden würden.

Alles begann mit einer Nachricht auf Instagram, kurz nach dem Hungerstreik und noch lange vor Lützerath und der Beschwerde an die Bundespolizeidirektion.

Account Chiara 3. Dezember 2021:

Hallo, Ihr Lieben,
ich bin Polizistin. Ich gehöre leider zu den Menschen, die durch bestehende (falsche) Systeme, Regeln usw. ein verdrehtes Anpassungsbedürfnis entwickelt haben – der Weg zur und durch Selbstreflexion war lang und anstrengend.
Diese Nachricht ist für Euch, und sie soll Euch zeigen, dass Ihr nicht alleine seid. Polizist:innen sind keine schlechten Menschen, manche muss man nur ein bisschen wachrütteln.

Account »Der Aufbruch« 3. Dezember 2021:

Hey, danke! Wir haben Deinen Text mit wirklich großem Interesse gelesen. Gut, dass Du erkannt hast, wie schlecht das bestehende System mit seinen

ungerechtigkeitsfördernden (Macht-)Strukturen für uns ist. Halt uns doch gern auf dem Laufenden, was bei Dir passiert und was Du vorhast.

Account »Der Aufbruch« 10. Dezember 2021:

Menschen von uns würden sich gern mit Dir austauschen dazu. Hättest Du Lust?

Account Chiara 10. Dezember 2021:

Auf jeden Fall! Ich sortiere mich noch, aber das muss Mensch ja nicht alleine machen :) Ich freue mich über Eure Gedanken und gebe Euch gern einen Einblick.

Der Aufbruch

CHIARA Nach dem Hungerstreik verfolgte ich *Der Aufbruch* bei Instagram. Ich war etwas eingeschüchtert, aber auch beeindruckt von den Menschen, die sich so entschieden für ihre Überzeugungen einsetzten, und sog ihre Beiträge geradezu auf. Die Worte auf dem Account rüttelten einerseits an mir und verströmten gleichzeitig eine große Wärme. »Power to the People: Wir starten den Aufbruch« stand dort. »Der Aufbruch … will keinen Masterplan vorlegen, sondern gemeinsam mit Euch und anderen Akteur:innen neue Wege im Aktivismus bestreiten … Aller Aufbruch ist schwer, Stillstand noch mehr. Der Aufbruch will einen Wandel über das System hinaus. Wir forcieren eine soziale und selbstbestimmte Gesellschaft. Wir wollen unterschiedlichen Menschen aktiv zuhören und von ihnen lernen. Was dem Aufbruch fehlt, bist Du.« Ich fühlte mich eingeladen. Ich hatte das Gefühl, dass andere Menschen zu einem Weg aufgebrochen waren, zu dem ich auch aufbrechen wollte. Ich sammelte genug Mut und formulierte schließlich die erste Nachricht. Als mich die Aktivist:innen nach einem gemeinsamen Treffen fragten, war das ein sehr ermutigender Moment für mich. Ich war zu diesem Zeitpunkt kein besonders selbstsicherer Mensch und darüber hinaus für viele andere in meinem Umfeld eine Exotin mit dem, was mich bewegte. Für mich hat sich in diesem Augenblick eine Tür geöffnet.

A.C.A.B.

HANNAH Als Chiara uns kontaktierte, war ich anfangs sehr skeptisch. Schließlich war sie Polizistin. Mit ihr zu reden eigentlich ein No-Go. Ihre Sorge, auf Ablehnung zu stoßen, war nicht unbegründet, im Gegenteil. Und dafür gab es viele aus meiner Sicht legitime Gründe. Ein Austausch mit der Polizei kann aufgrund ihrer gesellschaftlichen Funktion als staatliches Gewaltmonopol, ihrer Bewaffnung und dem damit einhergehenden Machtgefälle nicht auf Augenhöhe stattfinden, und allein diese ungleichen Voraussetzungen sind für mich Grund genug, einen Austausch gar nicht erst einzugehen.

Ich zögerte vor allem auch deshalb, weil so viele meiner Freundinnen und Freunde nicht aus Missgunst oder Dummheit kein Vertrauen in die Polizei hatten, sondern weil sie mit ihr traumatische Erlebnisse verbanden. Ich respektierte ihre Verletzungen und wollte niemandem das Gefühl geben, dass diese Erlebnisse unsichtbar oder in Vergessenheit geraten seien. Denn das sind sie nicht. Außerdem war ich mir noch nicht eindeutig darüber klar, ob der Kontakt mit jemandem Sinn machte, der Teil eines Systems war, welches ich sehr kritisch sah und in Teilen gänzlich ablehnte.

Neben diesen Gedanken und meinen Erfahrungen mit Polizeigewalt hatte ich mir auch noch aus einem weiteren Grund angewöhnt, wie viele andere Aktivist:innen, nicht mit der Polizei zu sprechen: aus Selbstschutz. Als Aktivist:in ist man immer der Gefahr ausgesetzt, für seine Aktivitäten kriminalisiert, verfolgt und verurteilt zu werden. Andere Aktivist:innen berichteten mir immer wieder auch von ihrer Angst vor Überwachungen aufgrund ihrer Erfahrungen mit verdeckten Ermittler:innen. Dass solche einschneidenden Maßnahmen nicht nur sogenannte Radikale treffen, sondern auch willkürlich gegen alle Teile einer Bewegung gerichtet sein können, zeigten zum Beispiel später die Hausdurchsuchungen und die Beschlagnahme von Daten bei Aktivist:innen von Fridays for Future im Mai 2023.[17] Amnesty International und Green Legal Impact äußerten später menschenrechtliche Bedenken an diesen gezielten Maßnahmen gegen den zivilgesellschaftlichen Protest.[18]

Darüber hinaus geht, wie schon in unserem fiktiven Prolog erwähnt, für politisch aktive Menschen eine immer größere Gefahr von rechtsextremen Gruppen aus – auch innerhalb der Polizei. Das rechtsextreme Prepper-Netzwerk Nordkreuz beispielsweise hat über Jahre umfangreiche Feindeslisten mit politischen Gegner:innen erstellt und sich auf »Tag X« vorbereitet – und auf die Massentötung politischer Gegner:innen. Laut dem Bundesamt für Verfassungsschutz stammen die meisten Mitglieder aus dem Umfeld der Bundeswehr und der Polizei. Der Gründer des Netzwerkes und einige andere Mitglieder sind ehemalige Angehörige des Spezial-Einsatz-Kommandos (SEK)[19], Ermittlungen decken auf, dass das Verschwinden von Waffen und Munition[20] sowie Datenrecherchen über dienstliche Accounts der Polizei zu politischen Gegner:innen mit Nordkreuz in Verbindung stehen. Nordkreuz wurde 2017 entdeckt. Trotz der laufenden Verfahren gehe ich davon aus, dass diese Menschen in dieser oder ähnlichen Gruppen weiter aktiv sind.

Aber irgendetwas in mir wollte Chiara trotzdem eine Chance geben, als Mensch und abseits ihrer Uniform. Sie schien ein ernsthaftes Interesse daran zu haben, ihre eigene Rolle zu hinterfragen. Das machte mich neugierig. Ich hatte mich so oft gefragt, warum ich noch nie Polizist:innen begegnet war, die mir mit einer differenzierteren, selbstkritischen Haltung gegenübertraten und ihre eigene Rolle auch mal hinterfragten. Und ich hatte bereits mehrmals versucht, das herauszufinden. Zum Beispiel als wir mit der Gruppe *Ende Gelände* einen Kohlekonzern blockierten oder bei der Besetzung des Dannenröder Forsts, eines Trinkwasserschutzgebietes, durch das eine Autobahn gebaut werden sollte. Die Polizist:innen, die für die Räumung des besetzten Gebietes eingesetzt waren, Aktivist:innen verletzten und festnahmen, kamen selbst aus einer Region, die von eben jenem Trinkwasser abhängig war. Mit ihrem Einsatz gefährdeten sie nicht nur ihre eigene Wasserversorgung, sondern richteten sich auch mit Gewalt gegen diejenigen, die sich für den Erhalt ihres Trinkwassers einsetzten. Wie konnte es sein, dass sie ihren Dienst taten, um den reibungslosen Ablauf dieser Zerstörung sicherzustellen?

»*Wir haben schließlich Familien zu versorgen.*« Es fühlte sich für mich so an, als würde ihnen diese Antwort vollkommen logisch vorkommen. »*Das wurde so angeordnet, wir entscheiden das nicht. Das ist unser Job, damit verdienen wir unser Geld.*« Sie wüssten um die Schädlichkeit des Projektes, sie selbst fänden es eigentlich auch schöner, wenn die Natur bleiben könnte. Aber der Befehl war eben ein anderer. Ist in unserer Gesellschaft alles legitim, solange man es für Geld macht?

Und auf einmal war da diese Polizistin, für die das Befolgen von Befehlen offenbar nicht die eigene Moral überwog. Ich war unheimlich neugierig, was für ein Mensch das war, welche Geschichte sie zu erzählen hatte. Ein einziges Gespräch schadet ja nicht, dachte ich mir.

An meiner grundsätzlichen Kritik gegenüber der Institution Polizei änderte das aber nichts. Und wenige Tage nach unserem ersten Kontakt und kurz vor unserem verabredeten Treffen brachten wir unsere Ablehnung gegen das Kollektiv der Polizei dann auch noch einmal sehr deutlich zum Ausdruck.

Account »Der Aufbruch« 13. Dezember 2021:

»ALL COPS ARE BASTARDS«, »ALLE POLIZIST:INNEN SIND BASTARDE«

Account Chiara 13. Dezember 2021:

Kleine (positiv gemeinte) Anmerkung von hier :) Das ist zu pauschalisierend. Ich freue mich auf unser Date am Donnerstag!

Account »Der Aufbruch« 13. Dezember 2021:

Dass wir da (noch?!) nicht einer Meinung sind, ist mir klar :) #1312 ist vor allem als Systemkritik zu verstehen. Alles Weitere am Donnerstag! Wir freuen uns auch!

HANNAH Der 13. Dezember ist international als ACAB-Tag bekannt, weil die Ziffern des Datums als Positionen im Alphabet gelesen A.C.A.B. ergeben. Der Tag ist für andere Aktivist:innen und mich ein Anlass, Kritik an der Polizei zu üben und über die negativen Aspekte der Polizei zu informieren. »All Cops Are Bastards« ist weniger wörtlich denn als Erinnerung an den Beitrag von Polizistinnen und Polizisten zu einem schädlichen System zu sehen. »All Cops« – denn auch die, die selbst weniger gewaltvoll handeln, machen sich mitschuldig, wenn sie zur Gewalt anderer Polizistinnen und Polizisten schweigen.

Wir haben mit einigen Posts dazu an diesem Tag den ersten behutsamen Kontakt mit Chiara gleich wieder auf die Probe gestellt. Es ist gut, dass Chiara unsere Wut auf das System als solches verstanden hat, statt sie persönlich zu nehmen, und trotzdem an unserem Gesprächstermin festgehalten hat. Vielleicht hätten wir uns sonst nicht kennengelernt.

Dialog

CHIARA Unser erstes Telefonat im Dezember 2021 war eine prägende Erfahrung. Ich war nervös, aber auch gespannt, und dann saßen wir uns vor unseren Bildschirmen gegenüber. Hannahs Aura hat mich direkt eingenommen. Ich war beeindruckt von ihrer Hingabe und ihrer Leidenschaft für die Sache. Ihren Mut konnte ich spüren, obwohl wir nicht in einem Raum saßen. Gleichzeitig fühlte ich mich wie aufgefangen und gesehen von Menschen, denen ich sagen konnte, was alles in mir arbeitete. Sie trugen dazu bei, dass ich in meinem Gefühl von »irgendwas stimmt doch hier nicht … ich muss etwas ändern« bestätigt wurde. Es hat mich traurig gemacht und schockiert, was Hannah über ihre negativen und gewaltvollen Erfahrungen mit anderen Polizist:innen berichtete. Ich versuchte, mir vorzustellen, unter welchen Zwängen diese Polizist:innen stehen, welche psychischen Muster entweder schon vorher entstanden oder möglicherweise ein generelles Symptom des hierarchischen Polizeisystems sind.

HANNAH Ab Frühling 2022 tauschten Chiara und ich uns in unregelmäßigen Abständen miteinander aus. Ich legte jedes meiner Worte auf die Goldwaage, wägte genau ab, was ich von mir preisgeben wollte und was nicht. Ganz geheuer war mir die Situation nicht, und ich hatte noch lange ein schlechtes Gewissen gegenüber anderen Aktivist:innen. Ich blieb weiter vorsichtig. Chiara gab mir Einblicke in die Welt der Polizei und berichtete vom Fortgang ihrer Beschwerde. Sie war enttäuscht, als sie sich freiwillig dafür meldete, neben ihrem normalen Dienst die Verantwortung für den Umweltschutz in ihrer Inspektion zu übernehmen, und abgelehnt wurde. Sie vermutete, dass die Ablehnung mit ihrer Beschwerde zusammenhing. Stattdessen wurde der einzige Mitbewerber ausgewählt, der keine Ahnung von Umweltschutz hatte und sie direkt um Hilfe bat. Ich erzählte Chiara von meinem unheimlichen Tief, nachdem Lützerath zerstört worden war, und von dem Gefühl, dass unsere Lebensgrundlagen nicht mehr zu retten seien. Chiara war gerade seit längerer Zeit krankgeschrieben – auch sie war durch ihre Anstrengungen ausgebrannt. Mit jedem Telefonat lernten wir uns besser kennen, vertrauten uns immer mehr und stellten zunehmend fest, wie ähnlich wir uns als Menschen sind. Chiara hatte mich überzeugt, dass sie das Hinterfragen ihrer gesellschaftlichen Rolle ernst meinte und bereit war, zu notwendigen radikalen Ergebnissen zu kommen. Sie bestärkte mich in meinem Engagement und darin, nicht aufzugeben, und zunehmend hatte ich das Bedürfnis, sie auch bei ihrem zu unterstützen. Während meine innere Kritikerin mir weiterhin eine gewisse Leichtgläubigkeit unterstellte, wuchs meine Hoffnung auf eine gemeinsame Mission mit dieser ungewöhnlichen Polizistin.

CHIARA Mit Hannah zusammen setzte bei mir ein intensiver Reflexionsprozess ein. Wir analysierten und philosophierten über uns, über die Polizei als Institution, über die Gesellschaft und das Klima. Zuvor hatte ich versucht, mit viel Zeit und Energie die Polizei von innen heraus zu verändern, sodass ich kaum dazu kam, diese Institution und ihre Rolle in der Gesellschaft aus einer Distanz zu betrachten. Während meiner Krankschreibung und in Kontakt mit Hannah hatte ich nun die Gelegenheit, tiefer darüber nachzudenken, welche Mechanismen hier im Spiel waren. Je mehr ich nachdachte und je mehr Antworten ich fand, desto mehr neue Fragen kamen auch auf. Wie hängen die Probleme in der Polizei, in der Gesellschaft und die Klimakatastrophe zusammen? Macht es mehr Sinn, innerhalb einer Institution für Veränderung zu kämpfen oder außerhalb davon? Ist eine Polizei denkbar, die auch zur Lösung der Klimaprobleme beiträgt? Welche Aufgaben sollte eine Polizei der Zukunft übernehmen? Muss es überhaupt eine geben? Macht das staatliche Gewaltmonopol Sinn, wenn es gegen jene gerichtet wird, die mit friedlichen, also gewaltfreien Mitteln auf ein Problem aufmerksam machen?

Wäre ich zu diesem Zeitpunkt nicht bereits in Kontakt mit Menschen gewesen, die ähnlich dachten, dann hätte ich mich völlig isoliert wiedergefunden. Abgeschnitten von meinem ehemaligen beruflichen Umfeld und allein zu Hause. Dann hätte ich vielleicht nicht die Kraft gehabt, durch diesen Reflexionsprozess zu gehen und entschlossener denn je daraus hervorzugehen. Doch durch den Austausch mit Hannah und anderen Menschen, die wie ich etwas verändern wollten, fasste ich langsam den Mut, weitere Schritte zu gehen.

HANNAH Ich habe ein gespaltenes Verhältnis zu dem Wort »Dialog« entwickelt. Oder besser gesagt dazu, was heutzutage ins Gewand eines Dialogs gekleidet wird, in Wahrheit aber keiner ist.

Es hat eine dubiose Note für mich, wenn diejenigen in den privilegierten Positionen zu den großen politischen Fragen von heute »Dialog« und »Kompromissbereitschaft« von ihren Kritiker:innen einfordern. Zu oft haben andere Aktivist:innen und ich negative Erfahrungen bei sogenannten Dialogveranstaltungen gemacht. Ihr Zweck schien grundsätzlich darin zu bestehen, dass die, die Adressaten unserer Kritik waren, uns erklärten, warum sie nichts verändern wollen und werden. Näherte man sich dem Kern der inhaltlichen Diskussion und gingen ihnen die Argumente aus, kam oft die Brechstange zum Einsatz: »*Wir reden eigentlich sowieso nicht mit Straftäter:innen, die unseren Rechtsstaat nicht respektieren! Gründet eine Partei, und dann sprechen wir weiter!*« Einer sinnvollen Lösung ist in diesen Veranstaltungen niemand nähergekommen, Politik, Polizei oder Konzerne klopften sich in eigens verfassten Pressemitteilungen trotzdem für ihre »Dialogfähigkeit« auf die Schulter und machten unbeirrt weiter wie bisher.

Für einen echten Dialog braucht es aus meiner Sicht grundlegende Bedingungen. Die erste ist, dass der Austausch auf Augenhöhe stattfindet. Wenn es gravierende Machtunterschiede gibt – zum Beispiel weil die eine Seite Waffen trägt und legal Gewalt gegen die andere Seite ausüben darf –, dann ist ein fruchtbarer Dialog nicht möglich, weil nicht beide Meinungen gleich viel zählen.

Die zweite ist, dass unverhandelbare Dinge – wie die Menschenrechte und die Erhaltung der Lebensgrundlagen – auch als solche anerkannt werden. Hierzu kann es keinen Kompromiss geben. Die Krux bei der Klimakatastrophe ist, dass die Natur bereits so geschädigt ist, dass sie keine Kompromisse mehr duldet. Versuchten wir also die Mitte zwischen den Positionen »Profit generieren« und »Lebensgrundlagen erhalten« zu finden, dann werden wir mit einem Kompromiss zu keinem Ergebnis mehr kommen können, das ausreicht, um das Unverhandelbare – unsere Lebensgrundlagen – zu retten.

Klimaschutz ist ein Menschenrecht, darüber schreiben wir in Kapitel 6. Wir können also nur dann von einem Dialog sprechen, wenn es darum geht, *wie* wir unsere Lebensgrundlagen schützen, nicht *ob* wir das tun, und wir können diesen Dialog nur zwischen Menschen, nicht mit oder zwischen Institutionen führen, die einen Selbstzweck verfolgen. Leider erfüllen absurd viele Gespräche und Diskussionen, die im öffentlichen Diskurs als »Dialog« vermarktet werden, diese Bedingungen nicht.

Polizistin und Klimaaktivistin

CHIARA 2022 wurde die *Letzte Generation,* die ebenfalls aus dem Hungerstreik im Regierungsviertel hervorging, richtig groß. Die mediale Aufmerksamkeit übertraf die für Fridays for Future und Extinction Rebellion noch einmal bei Weitem. Aufsehen erregte die *Letzte Generation* insbesondere, weil die Protestierenden bei Aktionen den Verkehr blockierten und sich auf den Straßen festklebten. Die Namensgebung der *Letzten Generation* hängt mit einem Tweet von Barack Obama zusammen. Am 23. September 2014 schrieb er auf X, damals Twitter: »We are the first generation to feel the effect of climate change and the last generation who can do something about it.« Wir sind die erste Generation, die den

Effekt des Klimawandels zu spüren bekommt, und die letzte Generation, die etwas dagegen unternehmen kann.

Die durch die Straßenblockaden generierte Aufmerksamkeit setzten die Unterstützer:innen der *Letzten Generation* ein, um in allen Bereichen der Gesellschaft über die Erderwärmung und die drohenden Kipppunkte zu informieren und Vernetzungsarbeit für ein gesellschaftsübergreifendes und entschlossenes Handeln zu leisten. Politiker:innen und Medien zogen sämtliche Register, um auch diese Klimagerechtigkeitsgruppe zu diskreditieren, sie unterstellten ihr sogar Verfassungsfeindlichkeit. Alexander Dobrindt, CSU, rückte die *Letzte Generation* in die Nähe einer »Klima-RAF«[21], die AfD sprach von »Terrorismus«[22]. »Klimakleber« gehörte noch zu den harmlosesten Bezeichnungen. Sie schufen damit ein Bild fern von jeglicher Realität.

Die *Letzte Generation* hat gemeinsame Werte festgehalten und diese auf ihrer Website veröffentlicht – ein essenzieller Protestkonsens ist die Gewaltfreiheit. Es war nicht zuletzt der Präsident des Bundesverfassungsschutzes selbst, Thomas Haldenwang, der Einschätzungen zu einer Verfassungsfeindlichkeit der *Letzten Generation* bereits 2022 ablehnte. Die Gruppe sage ja im Grunde nur: »He, Regierung, ihr habt so lange geschlafen, ihr müsst jetzt endlich mal was tun«, führt er aus. »Also, anders kann man eigentlich gar nicht ausdrücken, wie sehr man dieses System eigentlich respektiert, wenn man die Funktionsträger zum Handeln auffordert.«[23]

Als ich mich Anfang 2023 das erste Mal bei der *Letzten Generation* meldete, wusste ich noch gar nichts davon, dass die Unterstützer:innen der *Letzten Generation* gerade eine große Vernetzung in alle gesellschaftlichen Bereiche aufbauten – auch mit Polizistinnen und Polizisten wollten sie ins Gespräch kommen. Ich war willkommen, trotz meines Berufes. Nur ein paar Monate später koordinierte ich die bundesweite Vernetzung der *Letzten Generation* mit der Polizei, plante und organisierte, wie und mit welchem Inhalt man mit Polizeiangehörigen und -dienststellen ins Gespräch zu Klimakatastrophe und zivilem Widerstand kommen und welche niedrigschwelligen Protestformen es auch für Menschen mit diesem Beruf geben könnte.

Wieder hatte ich eine Gruppe vollkommen unterschiedlicher Menschen um mich herum, und wieder konnten wir uns gemeinsam zum Leuchten bringen. Unterstützer:innen der *Letzten Generation* unterschiedlichster Berufe, darunter neben mir auch andere Polizist:innen, erarbeiteten gemeinsam eine umfangreiche Strategie für den Dialog zwischen Protestierenden und Polizist:innen. Wir trafen uns zu wöchentlichen Plenums, entwarfen Website und Mailvorlagen, suchten nach öffentlich zugänglichen Kontakten von Ansprechpartner:innen wie Polizeiseelsorger:innen oder -hochschulen und telefonierten diese ab.

Im Zentrum unserer Strategie stand der Austausch zwischen den Menschen und ihren Gruppen, zwischen denen der größte und ungelöst schwelende Konflikt unserer Zeit immer wieder ausbricht und sichtbar wird. Dort, wo unsere Demokratie keine Lösung kennt, wo Klimaaktivist:innen zu falschen Feindbildern und Polizist:innen zu Symptombekämpfer:innen werden, während politische und kapitalistische Autoritäten die Klimakatastrophe immer weiter befeuern. Dort, wo ein ratloses und erkranktes System individuelle Opfer fordert und Schicksale prägt. Wir wollten Vertreter:innen des rechtsstaatlichen Gewaltmonopols und des zivilen Widerstands an einen Tisch bringen, in einen Austausch von Mensch zu Mensch. Wir wollten Räume schaffen für Gespräche und Diskussionen darüber, was legal und was legitim ist und was eine gesunde Demokratie braucht. Räume für Verständnis, Deeskalation und vor allem auch: für gemeinsame

Lösungen. Dieses Ziel wollten wir erreichen, indem wir die Katastrophe an die Orte brachten, wo sie vielleicht noch nicht so viel Gehör bekommen hat: an Polizeihochschulen, Dienststellen und zu einzelnen Polizist:innen. Wir wollten Betroffenheit bei Polizistinnen und Polizisten auslösen und benennen, was auf sie zukommen kann.

Einerseits sind sie durch die drastische Veränderung unserer Lebensgrundlagen persönlich gefährdet, wie alle anderen auch. Beamtinnen und Beamte der Polizei laufen darüber hinaus aber auch Gefahr, die gesellschaftlichen Konflikte, die durch knapper werdende Ressourcen in der Klimakatastrophe drohen, in erster Reihe aushalten zu müssen. Sie werden in Zukunft in extrem schwierige Situationen kommen, wenn sie Menschen an den Grenzen aufhalten, die Rationierung von Essen und Trinken und knapper werdenden Ressourcen insgesamt überwachen sollen. Sie sind Betroffene eines Problems, für dessen Aufrechterhaltung sie instrumentalisiert werden. Mit jedem Tag wird die Gefahr größer, dass Polizistinnen und Polizisten für politische oder persönliche Zwecke einflussreicher Gruppen oder Einzelpersonen missbraucht werden.

HANNAH Im Mai 2023 trafen Chiara und ich uns bei der ersten großen Protestphase der *Letzten Generation* in Berlin das erste Mal persönlich. Aus der Küche für alle (Küfa) war gerade zum Essen gerufen worden, und alle Menschen strömten von überallher in den begrünten Hinterhof. Mit zwei Tellern voll duftendem Essen standen wir uns in diesem Strom auf einmal gegenüber. Inzwischen hat sich zwischen Chiara und mir eine enge Freundschaft entwickelt. Wir besuchten uns gegenseitig, tauschten Bücher und Gedanken aus und entwickelten immer mehr Ideen.

Bereits bei unserem ersten Telefonat entstand die Idee, bei Klimaprotesten Visitenkarten an Polizist:innen zu verteilen, um sie zu einem Austausch einzuladen. Ein paar Monate später verteilten die Unterstützer:innen der *Letzten Generation* bei ihren Protesten auf der Straße solche Visitenkarten an Polizist:innen und öffneten einen wöchentlichen Online-Raum – und es funktionierte. Chiara erzählte von immer mehr Polizist:innen, die das Angebot annahmen und zu diesen Videomeetings kamen, um mit den Protestierenden ins Gespräch zu kommen, und von einigen, die sich daraufhin selbst engagierten. Ich war nicht bei der *Letzten Generation* aktiv, verfolgte aber mit großem Interesse, was Chiara zu berichten hatte.

Chiara und die Polizeivernetzung der *Letzten Generation* organisierten ab April 2023 Gespräche mit Polizeidienststellen, -seelsorger:innen, -hochschulen und -gewerkschaften, insbesondere an den Orten, an denen Proteste angekündigt waren. In Berlin gab es an der Hochschule für Wirtschaft und Recht eine Podiumsdiskussion mit Wissenschaftler:innen, Polizist:innen und Protestierenden, ein Gespräch mit Vertreter:innen der Gewerkschaft der Polizei, eines mit Vertretenden der Bundespolizei und sogar ein Treffen mit der Berliner Polizeipräsidentin Barbara Slowik. Einige dieser Dialogveranstaltungen liefen so ab, wie ich es bereits gewohnt war – sie waren tatsächlich keine Dialogveranstaltungen. Andere Formate, von denen mir berichtet wurde, gefielen mir dagegen gut und waren für alle bereichernd. Zum Beispiel ein Vortrag mit anschließendem Austausch an der Polizeihochschule von Baden-Württemberg oder an der Deutschen Hochschule der Polizei in Münster bei den Anwärter:innen für den höchsten Polizeidienst. Ein geplantes Format war auch eine Veranstaltung, zu der die Polizei nicht nur die Protestierenden einlud, sondern auch Wissenschaftler:innen der lokalen Universität. Die Polizist:innen berichteten von den Herausforderungen bei Einsätzen und von Recht und Gesetz, die Wissenschaftler:innen informierten über den aktuellen Stand der Klimawissenschaft und die Klimaaktivist:innen vom Wert des zivilen Widerstandes für die Demokratie.

Auch der Dialog in die Bewegung hinein und das Thema Polizeigewalt haben bei der Polizeivernetzung eine besondere Rolle bekommen. Mediationsräume und Gespräche wurden sowohl online als auch persönlich angeboten, ehrenamtlich und in der Freizeit bei der *Letzten Generation* engagierte Polizist:innen stellten sich stellvertretend für andere Polizist:innen der Wut über Polizeigewalt. Das war wichtig, um Sichtbarkeit und Aufmerksamkeit für das Thema zu schaffen.

Polizeigewalt wird durch Aktivist:innen fast nie angezeigt, denn die Erfahrung hat gezeigt, dass dadurch eher Nachteile statt Gerechtigkeit für die betroffene Person entstehen. Eine Anzeige gegen Polizist:innen nach einer Misshandlung oder Beleidigung bedeutete Aufrieb und Aufwand, aber nicht etwa, dass uns Glauben geschenkt wird. Nach einer Anzeigenerstattung geschah es nur zu oft, dass die Polizei direkt mit einer Gegenanzeige reagierte. Der Vorwurf lautet dann häufig Widerstand gegen Vollstreckungsbeamte. Im Zweifel deckten sich die Polizist:innen in den darauffolgenden Verfahren dann gegenseitig. Am Ende wurden die Täter zu Opfern erklärt und die Opfer zu Geld- oder Haftstrafen verurteilt. Das Signal dieser Machtdemonstration ist für mich eindeutig: Leg dich nicht mit der Polizei an.

Aktivist:innen, die während der Proteste der *Letzten Generation* Polizeigewalt erlebt hatten, konnten ihre Erfahrungen aufschreiben und an die Polizeivernetzung schicken. Bei Vorträgen an den Polizeihochschulen wurden sie vorgelesen, ihnen wurde damit eine Stimme gegeben. Was mir daran besonders gefiel, war, dass sie als das gesehen und diskutiert wurden, was sie waren: keine Einzelfälle, sondern Symptome eines größeren Problems: eines strukturellen Machtungleichgewichts und eines gewaltvollen Systems, das nicht einfach akzeptiert werden kann.

Aktivist der Letzten Generation, 19 Jahre

»Als ich während einer Straßenblockade gebeten wurde, von der Straße aufzustehen, und ich freundlich, aber entschlossen entgegnete, dass mir das moralisch nicht möglich sei, drohte mir der Beamte zunächst verbal, dass, wenn ich nicht sofort freiwillig aufstehen würde, ich mit Tritten und Schlägen zu rechnen hätte und die nächsten Tage und Wochen nicht mehr fähig sein würde, schmerzfrei zu kauen und zu schlucken.

Als der Beamte mir also begann, in den Kiefer zu greifen, hatte er wohl damit gerechnet, dass ich aufstehen würde. Ich stand nicht auf. Zwei Beamten begannen nun, meine Arme und Beine zu greifen und sehr wild zu verdrehen. Ich hörte nur, wie es knackte, und ab dem Moment wusste ich, irgendwas stimmt da nicht. Während des ganzen Prozederes versuchte ich, nicht an den Schmerz zu denken. Als ich die Schmerzen jedoch nicht mehr aushielt und zu schreien begann, drückte mir ein Beamter auf den Kehlkopf und rief: ›Hör auf zu schreien!‹ Ab dem Moment weiß ich nichts mehr. Auf dem Asphalt am Gehsteig wieder zu mir kommend, blieb ich liegen, ich hatte Angst mich zu bewegen. Die Polizei wollte keinen Rettungswagen rufen, und so blieb ich erst mal liegen. Und in meinem Kopf pochte nur ein Gedanke: ›Warum mit dieser Gewalt?‹ Ich verstehe, dass diese Situationen Ausnahmesituationen sind. Aber wenn nicht mal die Polizei solche Momente geschult unter Kontrolle hat, wer denn bitte dann?«

CHIARA Besonders bewegte mich dann, als die Unterstützer:innen der *Letzten Generation* trotz oder gerade wegen dieser Geschichten auch mir und anderen Polizist:innen der *Letzten Generation* ihre Stimme gaben. Am 20. September 2023, kurz vor der Geburt meiner Tochter, lasen vier von ihnen in einer Pressekonferenz vor dem Bundeskanzler:innenamt einen gemeinsamen von über 50 Polizist:innen gezeichneten Brief und vier persönliche Briefe an den Bundeskanzler Olaf Scholz vor und übergaben sie vor Ort. Die Protestierenden nahmen den Platz der Polizist:innen ein, die nicht genug Mut hatten, ihre Worte selbst an diesem Ort zu äußern.

Polizist, 21 Jahre

»Ich würde Ihnen heute gerne persönlich gegenübertreten. Einige sehr laute Stimmen halten mich davon ab. Vorverurteilungen schlagen mir von anderen Menschen entgegen, und auch aus den Reihen meiner Kolleginnen und Kollegen höre ich vereinzelt erschreckende Urteile und Anfeindungen.«

Polizist, 46 Jahre

»Ich bin im grauen Schatten der DDR aufgewachsen, in einem System, das uns in Ketten hielt und sich als erdrückend erwiesen hat. Ich habe erlebt, was es bedeutet, wenn die Grundrechte und die Freiheit des Einzelnen eingeschränkt sind und das eigene Selbstwertgefühl und Selbstbewusstsein völlig unbeachtet im Nebel des Vergessenen liegt. Auch nach über 30 Jahren prägt meine Vergangenheit noch meine ge-

genwärtigen Unsicherheiten und Ängste, die sich für mich oft bedrohlich existenziell anfühlen. Die Angst vor möglichen beruflichen Konsequenzen, Konflikten mit Kolleg:innen und Vorgesetzten und die Angst vor falscher Berichterstattung und Anfeindungen gegenüber meiner Familie – all das beeinflusst mich emotional immens und lässt mich bis jetzt in der selbst gewählten Anonymität verschwinden. Die Polizeiuniform, die ich heute trage, maskiert gleichzeitig nicht die Sorgen und Ängste, die mich plagen, wenn ich an das Erbe denke, das wir für die kommenden Generationen hinterlassen. Es nagt an mir als Vater und als Mensch. Ich bin heute nicht hier. Ich arbeite daran, meine persönlichen Hindernisse zu überwinden, meine Sozialisierung zu hinterfragen, Prioritäten zu erkennen und verantwortungsvoll für meine Überzeugungen einzutreten. Aber – ich erhebe meine Stimme. Und sie zählt. JETZT ist die Zeit, in der wir gemeinsam für unsere Freiheit, unsere Demokratie, unsere Lebensgrundlagen einstehen müssen. JETZT ist für Menschen an den Hebeln die Zeit, die Verantwortung zu übernehmen.«

Polizist, 30 Jahre

»Unreflektierte Haltung und lautstarke Meinungsmache machen mir Angst. Zu viel Angst, um heute hier als Bürger und Teil der Demokratie zu stehen und meine Meinung zu vertreten. Aber lange nicht genug Angst, um meinen Sinn für Gerechtigkeit zu übergehen, zu schweigen oder meine Unterstützung für die Letzte Generation *aufzugeben. Ganz im Gegenteil – es zeigt mir, wie dringend* **mein** *Engagement und* **mein** *Einsatz dort gebraucht werden.«*

Gegenwind

CHIARA Der Kontakt zwischen Hannah und mir, wie auch mein Engagement, stieß nicht überall auf Begeisterung, und das hatte die vielfältigsten Gründe. Ich wurde von einigen Klimaaktivist:innen gemieden, sie erschienen nicht bei Besprechungen, wenn eine Polizistin anwesend war. Gleichzeitig haben sich Freund:innen innerhalb der Polizei von mir abgewandt. Ich habe – auch von Polizist:innen – Hassnachrichten und Drohungen erhalten. »*Hoffentlich ziehst Du bald Deine Uniform aus und verlierst jegliche Pensionsansprüche*«, schrieb einer, ein anderer: »*Ich werde Dein Balg mit Lack übergießen.*« Hannah musste sich viele Vorwürfe gefallen lassen, mit einer Polizistin zu »kooperieren«. Bei der Besetzung im Fechenheimer Wald wurde ein Bild von mir geteilt und vor mir gewarnt: »*Cop Alarm! Diese Frau gibt sich als Klimaaktivistin aus!*«

Dieses gegenseitige Misstrauen empfinde ich in gewisser Form als legitim, nachvollziehbar und menschlich. Gerade deshalb finde ich es so wichtig, zu verstehen, welche Dynamiken hinter unseren Bewertungen und hinter unserem Misstrauen stehen. Es macht einen Unterschied, ob ich jemanden als Mensch oder als Vertreter:in einer bestimmten Gruppe oder Institution anspreche, und genauso, ob ich mich von einer Systemkritik persönlich angegriffen fühle. Wir sollten uns gemeinsam auf die Suche nach den Ursachen machen und herausfinden, wo der Fehler im System liegt.

Einige Menschen fällten Urteile über uns, ohne jemals mit uns gesprochen zu haben. Indem ich verbale Anfeindungen und schriftliche Drohungen in diesen Kontext stellte und versuchte, Verständnis für den Menschen hinter den Worten zu empfinden, konnte mich das weniger angreifen und verletzen: Diese Menschen, die uns bewerteten, waren Menschen, die uns nicht kannten. Sie hatten keine Ahnung davon, was uns antrieb oder uns bewegte, sie hatten noch nie ein Wort mit uns gesprochen. Ein Urteil über uns stand ihnen nicht zu, das machte ich mir immer wieder bewusst. Sie sprachen uns nicht als Mensch an, sie urteilten über uns in der Logik, die ihnen unsere Gesellschaft beibrachte: Sie steckten uns in Schubladen, von denen keine passen wollte. Wir sind so viel mehr als eine Schublade.

Eine Zeit lang stand ich stark im Fokus von Politik und Medien, und das wirkte wie ein zusätzlicher Brandbeschleuniger. Bundesweit berichteten Zeitungen über mein Engagement. Eine Zeit lang gab ich Interviews, deren Komplexität aber nirgends richtig abgebildet wurde – es wurde das verwendet, was sich gut verkaufen lässt, und das ist oftmals nicht unbedingt die Wahrheit.

Die Diskussionen waren von Spannungen und Missverständnissen geprägt, die zu eigenartigen und vollkommen realitätsfernen Kontroversen führten. Ein *Bild*-Artikel vom 4. September 2023 (*Bild* titelte: »Klima-Aktivisten ködern Ordnungshüter: ›Letzte Generation‹ will Polizei unterwandern«) porträtierte mich als Gefahr für die Demokratie – eine Darstellung, die für mich unverständlich ist.[24] Sowohl die AfD als auch die CDU stellten Anfragen in den Landtagen zu den Veranstaltungen der Polizeivernetzung und zur angeblichen »Mitgliedschaft« von Beamt:innen bei der *Letzten Generation*.

Das Landeskriminalamt (LKA) Bayern ermittelte an Polizeihochschulen und Dienststellen. Es sei erforderlich, bundesweit bei den Polizei- und Führungsstellen Genaueres in Erfahrung zu bringen. Man wolle wissen, wer von der *Letzten Generation* Polizist:innen zu Gesprächen eingeladen habe oder ob die Polizei selbst an die Klimaaktivist:innen herangetreten sei und es zu den Einladungsschreiben auch Protokolle gebe. Weiter fragte das bayerische LKA laut einem Artikel der *Welt* vom 10. August 2023, ob bei den Gesprächen Angebote unterbreitet wurden, der *Letzten Generation* beizutreten oder diese zu unterstützen.[25]

Als ich von den Ermittlungen erfuhr, kam ich den Rückmeldungen zuvor – und verschickte alle Informationen selbst an das Bayerische LKA und veröffentlichte sie in einer Pressemitteilung. Ich hatte nichts zu verbergen.

Auch Gewerkschaftsvertretende der Polizei nahmen eine alarmierende Position ein. Manuel Ostermann, Bundespolizist und stellvertretender Bundesvorsitzender der Deutschen Polizeigewerkschaft (DPolG), sagte in der *Bild* vom 22. Juli 2023: »Genau so agieren und taktieren radikale Ideologen und Extremisten in der Außendarstellung.«[26] Heiko Teggatz, ebenfalls Bundespolizist, Vorsitzender der DPolG Bundespolizeigewerkschaft und Mitglied im Bundespolizeihauptpersonalrat beim Bundesinnenministerium, sagte in einem *Welt-Spezial*-Video vom 19. Juli 2023, dass es viele Kolleginnen und Kollegen gibt, die mich »gerne bei der Kündigung unterstützen würden«[27]. Ich hätte bei der Berufswahl gehörig danebengegriffen, und er glaube nicht, dass das Beamtenrecht es zulasse, dass Beamt:innen Mitglied einer möglichen kriminellen Vereinigung sind.[28]

Mittlerweile ist mir bewusst, wie beispielhaft diese persönlichen Erfahrungen für so viele fehlgeleitete gesellschaftliche Debatten sind. Während die eigentlichen Probleme nicht thematisiert werden, schürt und reproduziert die Polemik falsche Feindbilder. So entsteht das destruktive Klima eines unbegründeten Misstrauens bis hin zu Hass.

HANNAH Klimaaktivistinnen und Klimaaktivisten sehen sich immer wieder Ermittlungs- und Gerichtsverfahren ausgesetzt. 2023 und 2024 wurde eine neue Eskalationsstufe erreicht, als das, was wir aus eher autoritären Ländern kennen, auch in Deutschland geschah: Mehrere Bundesländer führten polizeiliche Eingriffsbefugnisse, die eigentlich der Bekämpfung von Terror und organisierter Kriminalität dienen, vollkommen ad absurdum und griffen in höchst schützenswerte Freiheitsrechte unseres Grundgesetzes ein wie die Freiheit der Person, die Pressefreiheit, die Meinungsfreiheit, die Versammlungsfreiheit und das Recht auf Informationelle Selbstbestimmung. Ein bekanntes Beispiel dafür sind die fast 40 Aktivist:innen der *Letzten Generation,* die in Bayern für mindestens eine Nacht in Präventivhaft genommen wurden, die meisten von ihnen länger, einige bis zu 30 Tage. Das Wort Haft ist in diesem Zusammenhang irreführend, weil durch die Aktivist:innen weder eine Straftat begangen wurde, noch ein Urteil durch ein Gericht über eine Haft entschieden hat. Sie wurden eingesperrt, um sie an ihrem Protest zu hindern.

Aber ich glaube, das Verrückteste sind die von mehreren Behörden wie dem bayerischen LKA eingeleiteten Ermittlungen dazu, ob es sich bei der *Letzten Generation* um eine kriminelle Vereinigung im Sinne des § 129 StGB handelt. Der Tatbestand fordert eigentlich, dass diese Vereinigung ihren Zweck oder ihre Tätigkeit auf die Begehung von Straftaten richtet. Das ist bei der *Letzten Generation* nicht der Fall, ihr Ziel ist die Klimaneutralität bis 2030. Der § 129 StGB war und ist aus meiner Sicht ein Instrument, um gegen politische Gegner:innen vorzugehen – denn erst ein Straftatverdacht gem. § 129 StGB rechtfertigt höchst grundrechtseinschränkende Maßnahmen wie Observationen, Hausdurchsuchungen und Telekommunikationsüberwachungen.

CHIARA Es war Ende Juli 2023, als ich aus der Presse erfuhr, dass die Bundespolizei gegen mich ein behördliches Disziplinarverfahren eingeleitet hatte. Bevor ich selbst die schriftliche Einleitungsverfügung in den Händen hielt, erhielt ich zahlreiche Presseanfragen, und sowohl die Presse als auch ich selbst spekulierten über die Inhalte des Verfahrens. Auf einmal wurde ich in einem Atemzug mit Claudia Pechstein genannt, Bundespolizistin und erfolgreichste deutsche Olympionikin bei Winterspielen, gegen die ebenfalls ein Disziplinarverfahren eingeleitet worden war. Pechstein hatte nur ein paar Tage zuvor auf einer CDU-Veranstaltung in ihrer Bundespolizeiuniform eine Rede gehalten, in der sie unter anderem schnellere Abschiebungen gefordert hatte. Ich sehe diese Rede sehr kritisch und werde in Kapitel 6 noch einmal auf sie zurückkommen. Einige Tage später konnte ich es dann selbst lesen: Mir wurde der sechsfache Verstoß gegen Beamtenpflichten, insbesondere gegen die Wohlverhaltenspflicht gegenüber Vorgesetzten und die Neutralitäts- und Folgepflicht aufgrund meines öffentlichen Engagements für die *Letzte Generation* vorgeworfen.

HANNAH Es gibt etwas, was jeder Bewegung in der Welt immer kräftigeren Wind in die Segel bläst: wenn die Ungerechtigkeit immer sichtbarer, immer unignorierbarer und immer unerträglicher wird. Das ist es, was aus einer einzelnen Person, einem einzigen Vorbild, irgendwann eine ganze Bewegung macht. Je sichtbarer die Ungerechtigkeiten werden, desto mehr Menschen schließen sich der Bewegung an.

Die Ungerechtigkeit ist so gesehen der Antrieb des zivilen Widerstandes. Darum zu wissen, kann einen entscheidenden Unterschied machen. Ich denke, dass auch Autoritäten und Verfechter:innen des Status quo um diesen Effekt wissen. Ich habe immer wieder die Erfahrung gemacht, dass Entscheidungsträger:innen kleine Zugeständnisse machen und schmeichelnd daherkommen, um den Widerstand gegen ihre Entscheidungen zu schwächen. »Totkuscheln« nannte eine befreundete Aktivistin diese Strategie einmal. Bevor Chiara die Beschwerde gegen diesen höherrangigen Beamten in ihrer Inspektion einreichte, hörte ich aus ihren Erzählungen immer wieder heraus, dass man diese Strategie auch bei ihr anwandte, und sprach sie darauf an. Tatsächlich ändert sich nichts, wenn man mit kleinen Häppchen manipuliert und bei Laune gehalten wird. Das ist kein Kompromiss. Es gibt meistens keinen Grund, sich darüber zu freuen.

Die Grundlage der Veränderung und des Widerstandes ist die Ungerechtigkeit. Als das Disziplinarverfahren gegen Chiara eingeleitet wurde, wusste sie das. Und aufgrund dieses Wissens traf sie die Einleitung des Verfahrens nicht nur nicht besonders, sie konnte es sogar als Bestätigung ansehen, daraus Kraft schöpfen und ihren Fokus auf den Zuspruch lenken, den sie erhielt. Das Disziplinarverfahren schmälerte ihr Selbstbewusstsein nicht, es bestärkte sie.

Unterstützer:innen der *Letzten Generation* konnten Gregor Gysi für den Rechtsstreit gewinnen, Chiara könnte sich einfach bei ihm melden. Viele Menschen schickten ihr persönliche Briefe und Bücher sogar an Adressen bei der Polizei, die Menschen machten ihr Mut und sprachen ihr zu. Sie war unheimlich dankbar und stolz, auch wenn sie das so vielleicht nicht sagen würde. Ronen Steinke schrieb über Chiara am 28. Juli 2023 in der *Süddeutschen Zeitung*: »Eine Bundespolizistin, die sich bei der ›Letzten Generation‹ engagiert, ist erst einmal ein Grund zur Freude, nicht aber für ein Disziplinarverfahren.« Er findet: »Die Zeiten, in denen Polizisten strammzustehen und sich auch in ihrem Privatleben auf keinen Fall mit einem Hinterfragen der aktuellen Politik zu beschäftigen hatten, sind lange vorbei, und es waren keine guten Zeiten.«[29]

Gegen das Klima der Gewalt

CHIARA *Die Zeit für Mut ist jetzt!* So heißt das Buch von Lea Bonasera, Hungerstreikende, Mitgründerin der *Letzten Generation* und eine Freundin von mir. Sie schreibt in ihrem Buch darüber, wie uns ziviler Widerstand aus Krisen führen kann. Das Kapitel 4 *Allein auf weitem Feld? Oder: Von der Kraft der Unterstützung* beginnt so: »Aus den kleinen Kacheln auf meinem Computerbildschirm blicken mich zwei Polizist:innen an, die sich privat bei der *Letzten Generation* gemeldet haben, um zu fragen, wie sie den Protest unterstützen können. Es ist eines der ersten Gespräche, die ich im Rahmen der Vernetzung mit Polizist:innen führe.«[30]

Eine dieser beiden Polizist:innen war ich. Bei diesem Gespräch im Frühling 2023 haben wir uns darüber unterhalten, welchen Einfluss die Polizei als zentrales Organ des Staates auf die Gesellschaft hat.

Von Lea habe ich gelernt, wie entscheidend Solidarität, gegenseitige Unterstützung und Vernetzung innerhalb von gesellschaftlichen Gruppen und Institutionen für den Erfolg von zivilem Widerstand sind. Lea schreibt in ihrem Buch: »Die Säulen [der Unterstützung] prägen zudem die öffentliche Meinung und haben ganz konkrete soziale Funktionen, weil Menschen auf sie vertrauen und sich an ihnen orientieren. Wenn man sie vom Widerstand überzeugen kann und sie beginnen, sich gegen die Ungerechtigkeiten mit eigenem Widerstand zu engagieren, sind sie ein kraftvolles Instrument, um die Machtverhältnisse und den Status quo zu verändern. Und zwar ein richtig kraftvolles!«[31]

Lea hat zum Ende des Gesprächs eine Frage gestellt: »Ihr habt euch dazu verpflichtet, das Grundgesetz zu schützen, das gerade durch die Klimakrise massiv gefährdet wird. Ich finde es auch wichtig, dass wir unseren Rechtsstaat respektieren – doch wann kommt der Moment, wo auch ihr sagt, es ist genug?«

Jetzt. Und nichts hat sich jemals richtiger angefühlt.

Kein Stern auf der Schulter, kein Geld der Welt, kein Studienabschluss wird mehr von Wert sein, wenn wir nicht mehr leben können. Unser aller Schicksal hängt davon ab, ob sich Menschen im Kampf gegen schädliche Systeme und gegen die Klimakatastrophe verbünden. Gegen das Klima der Gewalt und für eine lebenswerte Zukunft.

Kapitel 5

SCHÄDLICHE SYSTEME

BEIDE Warum steigen trotz der Warnungen aus der Wissenschaft und trotz Klimaaktivismus die Emissionen immer weiter? Warum werden ausgerechnet an Menschen wie uns so abschreckende Exempel statuiert, diejenigen bekämpft, die sich für das Wohl der Allgemeinheit einsetzen? Warum heizt sich die öffentliche Debatte immer mehr auf? Warum scheinen Polizist:innen und Aktivist:innen sich verfeindet gegenüberzustehen, obwohl sie doch eigentlich die gleichen Ziele verfolgen sollten?

Mit der Schilderung unserer Erfahrungen innerhalb von Polizei und Klimaaktivismus haben wir einen Eindruck davon vermitteln wollen, wie fern die Bewertungen und Entscheidungen von Vorgesetzten und Politiker:innen von dem waren, was wir für zielführende Lösungen hielten. Wir möchten uns nun der Frage widmen, wie es dazu kommen konnte – es ist Zeit für eine echte Problemanalyse. Dafür werfen wir einen Blick darauf, wie unser gesellschaftliches System im Kleinen und im Großen funktioniert, beleuchten die Zusammenhänge zwischen Politik, Wirtschaft und Klimakatastrophe. Wir werden verstehen, welche Rolle die Polizei dabei spielt und warum Klimaaktivist:innen immer heftiger bekämpft werden.

Dabei wird klar werden, dass die Ursache für die Krisen unserer Zeit genau dort liegt, wo stets die Lösung vermutet wird.

Wir vertrauen auf das Geschick schädlicher Systeme, auf die Tugendhaftigkeit ihrer Autoritäten, obwohl sie Ursprung wie Antrieb für unsere Probleme sind. Politik und Wirtschaft setzen auf Konkurrenz – wer die meisten Stimmen sammelt, bestimmt, und wer sich am Markt durchsetzt, gewinnt. Aber wenn Demokratie und Kapitalismus stets auf Gewinnende setzen, dann kann es keine gesellschaftliche Ordnung geben, in der das Wohl aller Menschen siegt.

Gesellschaftliche Ordnung

CHIARA Ich denke, eine gesellschaftliche Ordnung muss sich daran messen lassen, wie gut sie die Bedürfnisse der Menschen erfüllt. Innerhalb des Studiums bei der Polizei behandelten wir zum Themenkomplex der menschlichen Grundbedürfnisse die Theorien des US-amerikanischen Psychologen Abraham Harold Maslow (1908–1970). Maslow bildete vereinfacht ab, welche Bedürfnisse die Menschen haben. Die Basis seiner Bedürfnispyramide bilden die körperlichen Bedürfnisse, also Nahrung, Wasser, Atmung, Wärme und Schlaf. Unmittelbar darauffolgend streben Menschen im Allgemeinen nach Strukturen, die ihnen Sicherheit bieten. Sie täten das noch, bevor sie ihre sozialen Bedürfnisse wie Freundschaft, Kommunikation, Liebe, Sexualität oder Gruppenzugehörigkeit stillen.

Die Lehre innerhalb unseres Unterrichtes an der Bundespolizeiakademie war, dass unsere heutige gesellschaftliche Ordnung das Ergebnis des menschlichen Bestrebens nach solchen Strukturen ist. Es ist das verbreitete Narrativ der heutigen Zeit, dass unser gesellschaftliches System aus Demokratie und Kapitalismus der unerschütterliche Garant für die Erfüllung unserer Grundbedürfnisse und die Gewährleistung unserer Sicherheit ist.

HANNAH Die Realität, von der wir umgeben sind, steht jedoch in eklatantem Kontrast zu diesem gängigen Narrativ und erzählt eine andere Geschichte: Armut, Ungleichheit, Krieg, ein aufziehender Faschismus und zunehmende Gewalt. Wir stehen nicht nur diesen Krisen unvorstellbaren Ausmaßes gegenüber, sondern darüber hinaus auch der größten Katastrophe der Menschheitsgeschichte überhaupt. Wir sehen, wie die Klimakatastrophe alles zerstört, was wir zum Leben brauchen, und wenn wir unsere körperlichen Bedürfnisse nicht mehr erfüllen können, droht unsere eigene Auslöschung.

Mensch und Natur sind ganz offensichtlich in einem schlechten Zustand, und es scheint immer schlimmer zu werden, treten doch fortlaufend neue Symptome auf. Statistiken verzeichnen zu psychischen Erkrankungen in der deutschen Bevölkerung immer wieder neue Rekordwerte, ihr Anstieg ist insgesamt eine der auffälligsten Entwicklungen der letzten Jahre.[32] Die Menschen scheinen an das Ende ihrer Kräfte zu gelangen. Im vergangenen Jahrzehnt hat sich das Arbeitsunfähigkeitsvolumen aufgrund psychischer Diagnosen insgesamt um gut 50 Prozent erhöht.[33] Burn-out ist mittlerweile eine weit verbreitete Volkskrankheit. Und es gibt auch eine Bezeichnung für den stetigen Grenzgang vor der totalen körperlichen und geistigen Erschöpfung: Burn-on.

Besonders auffällig ist die Entwicklung des Krankenstandes auch immer wieder bei einem Berufsstand: bei der Polizei.[34]

+++ Triggerwarnung Suizid, Gewalt +++

CHIARA Ich habe während meines Dienstalltags viele sehr belastende Situationen erlebt, bis dahin, dass ich Bahngleise nach Leichenteilen absuchte, nachdem sich Menschen das Leben genommen hatten. Auch habe ich mir bei Einsätzen bereits Verletzungen zugezogen.

Das, was mich aber am meisten belastete und krank machte, war der innere Widerspruch zwischen dem Leben, welches ich leben wollte, und dem, welches ich tatsächlich führte. Es löste Stress und Unwohlsein in mir aus, dass mein Alltag grundsätzlich fremdbestimmt und ich der Willkür meiner Vorgesetzten ausgesetzt war. Auch der Konflikt zwischen meinen Werten und meinem Handeln war bedrückend. Das, was ich nach meiner Wahrnehmung durch mein polizeiliches Handeln erreichte, entsprach nicht dem, wofür ich mich einsetzen wollte. Konflikten und Gewalt ebenfalls mit Gewalt zu begegnen, führte in meiner Bewertung zu mehr Konflikten und mehr Gewalt. Ich fühlte mich immer mehr als Teil eines Problems und keiner Lösung, meine Erwartungshaltung an meinen Beruf war eine andere gewesen, und so wuchs in mir die immer schmerzhaftere Zerrissenheit zwischen all diesen Wahrnehmungen. Ich spürte, dass etwas nicht stimmte, und je mehr ich mich anstrengte, desto schlimmer wurde es. Gleichzeitig wurde die Welt um mich herum nicht besser.

+++ Triggerwarnung Ende +++

Ist es Zufall oder Hinweis, dass meine innere Zerrissenheit bei der Polizei so ausgeprägt war? Dass nicht nur die Gesellschaft im Großen und Ganzen unter Spannungen und Krisen zu leiden schien, sondern ich mich auch ganz persönlich von meinen Bedürfnissen wie abgekoppelt fühlte? Oder werden besonders bei der Polizei, bei der Staatsgewalt, die Symptome eines ungelösten Konfliktes, welcher tief in unseren gesellschaftlichen Systemen verwurzelt ist, besonders sichtbar?

Die Hüterin der Ordnung

HANNAH Das Wort »Polizei« hat seinen Ursprung in dem altgriechischen Begriff »politeia«, was so viel bedeutet wie »Staatsverfassung« oder einfach »Staat«. Staat und Polizei sind auf elementarste Weise miteinander verbunden. Als vielerorts erste Polizeien gegründet wurden, waren Reichtum und Eigentum sehr ungleich verteilt, die sozialen Unruhen nahmen zu. Um sich vor Übergriffen der stark verarmten Bauernfamilien, Arbeiter:innen und anderer sozial Benachteiligter zu schützen, bezahlten Großgrundbesitzer und Adelige einige von ihnen, bewaffneten sie und ließen sie dafür sorgen, ihnen das Gesindel vom Hals zu halten. In den USA waren die ersten Polizeieinheiten dafür verantwortlich, entlaufene Sklaven wieder einzufangen. Die neu gegründeten Polizeien hielten das Volk davon ab, die vorherrschende staatliche Ordnung – speziell die Eigentumsverhältnisse – zu verändern. Die Verteidigung von Privateigentum und der Ordnung im Sinne Machthabender durch die Anwendung von Gewalt ist gewissermaßen die DNA der Polizei, ihre Entstehung erzählt keinesfalls die Geschichte einer Polizei des Volkes.

CHIARA Sieht man sich heute innerhalb der Landes- und Bundespolizeien einmal um, gewinnt man viele unterschiedliche Eindrücke davon, was »Polizei« mittlerweile alles bedeutet. Von Verkehrspolizei bis zur paramilitärischen Einheit, von Ruhestörung bis zu schweren Gewaltdelikten – allein bei der Bundespolizei gibt es sowohl Beamt:innen, die Passersatzdokumente ausstellen, als auch GSG9-Taucher, Entschärfer:innen und diejenigen, die das Bundeskanzler:innenamt schützen. Eines hat die Polizei nach wie vor aber überall gemeinsam: Sie ist sowohl Teil als auch Hüterin der gesellschaftlichen Ordnung mit all ihren Regeln und Gesetzen.

Heute genießt die Polizei in Deutschland innerhalb der Bevölkerung insgesamt großes Vertrauen.[35] Freunde und Helfer werden wir oft genannt, die Polizei als Hüterin der Gerechtigkeit verstanden. Und in der Tat hat sich einiges verändert. Zum Beispiel ist eine wichtige Errungenschaft der menschlichen Geschichte, dass ich als Polizistin heutzutage nur in die Grundrechte von Menschen eingreifen darf, um damit ein anderes Recht zu schützen, auch Art und Intensität des Eingriffes und der Gewalt sollen demokratisch legitimiert sein.

Aber zunehmend werden auch kritische Stimmen zur Gewalt durch Polizist:innen laut. Rassismus und Rechtsextremismus, Folter, Morde und Suizide werden aus meiner Sicht zu Recht als strukturelle Probleme identifiziert, wir sollten uns mit ihnen auseinandersetzen!

Führende Gewerkschafter:innen, darunter Rainer Wendt, Bundesvorsitzender der Deutschen Polizeigewerkschaft (DPolG), und Manuel Ostermann, stellvertretender Bundesvorsitzender der DPolG Bundespolizeigewerkschaft, wehren diese Kritik ab und behaupten hingegen, dass es sich nur um Einzelfälle handele.[36]

HANNAH Horst Seehofer – damals Bundesinnenminister – beendete 2020 die Diskussion um eine Rassismusstudie im polizeilichen Dienst und stellte klar: »Es wird keine Studie geben, die sich mit Unterstellungen und Vorwürfen gegen die Polizei richtet. Denn die überwältigende Mehrheit von über 99 Prozent der Polizistinnen und Polizisten steht auf dem Boden unseres Grundgesetzes. Sie sind der Grund für die Stabilität unserer Demokratie und unseres Rechtsstaates. Die Polizei kann sich darauf verlassen, dass wir als Politik hinter ihr stehen.«[37] Mit welcher Sicherheit wird von diesen 99 Prozent ausgegangen, wenn es doch gar keine Studie gab?

Es sollte uns nachdenklich stimmen, dass unsere gesellschaftliche Ordnung durch eine Institution sichergestellt werden soll, an deren interner Sicherheit und Gerechtigkeit zunehmend Zweifel laut werden. Erst recht, wenn eine kritische Auseinandersetzung dazu von ihren Cheflobbyisten hartnäckig abgewehrt wird. Eine gesellschaftliche Diskussion zu diesen Themen wäre durchaus naheliegend, weil die Autorität und Legitimität aller Staatsgewalt in unserer Demokratie von der Zustimmung und dem Willen der Bevölkerung abhängen sollte. Bei der Polizei wirken wie auch auf allen anderen gesellschaftlichen Ebenen komplexe Prozesse, die immer wieder zu neuen Entwicklungen führen – mal sind es gute und dann wieder welche, die wir kritisch und fehlersensibel auf den Prüfstand stellen sollten. Auch grundlegend! Und das sollte in einer Demokratie doch kein Problem sein – oder?

Wie demokratisch ist die Demokratie?

CHIARA »Alle Staatsgewalt geht vom Volke aus.« So steht es in Artikel 20 Absatz 2 des Grundgesetzes, welches die Grundprinzipien unseres deutschen Staates, unserer gesellschaftlichen Ordnung abbildet. Die Volkssouveränität bedeutet, dass das Volk die höchste Gewalt im Staat darstellt und die politische Ordnung sowie die Gesetzgebung nach seinem Willen gestaltet. Das Gemeinwohl soll der höchste Maßstab allen staatlichen Handelns sein. Es besteht von meiner Seite kein Zweifel darüber, dass die Volkssouveränität und die Gemeinwohlverpflichtung bedeutende Errungenschaften unserer Demokratie sind, und gleichzeitig bin ich der Meinung, dass noch sehr viel Luft nach oben dabei ist, diese Ambitionen in die Realität umzusetzen.

Der politische Prozess beruht auf einem bestimmten Prinzip: dem Konkurrenzprinzip. Parteien konkurrieren um die Stimmen der Wählenden, Politikerinnen und Politiker um politische Ämter, Regierung und Opposition um die Deutungshoheit. Politische Entscheidungen hängen immer von den Stimmen der Mehrheit ab. Andere Stimmen bleiben ungehört und werden nicht berücksichtigt.

HANNAH Dass ich mit Aktivismus angefangen habe, anstatt »in die Politik zu gehen«, hat damit zu tun, welches grundlegende Problem unser politisches System aufweist: Wir protestieren deshalb, weil unsere Stimmen im politischen Prozess zu wenig Gehör finden. Und das hat viele Gründe, die schon bei der Wahl beginnen.

Das, was die großen Parteien Deutschlands in ihren Wahlprogrammen abbilden, ist nur ein Fragment dessen, was in meinem und in Millionen anderer Köpfe an politischen Ideen und Lösungen steckt. Meine persönlichen politischen Positionen – wie das Hinterfragen der Funktionsweise der Polizei oder eine echte Klimawende – waren zum Beispiel bei der Bundestagswahl 2021 in keinem Wahlprogramm[38] der großen Parteien vertreten. Und das, obwohl Umfragen und Untersuchungen eine breite Unterstützung der Bevölkerung für Maßnahmen zum Klimaschutz beweisen. Eine repräsentative Bevölkerungsumfrage zum Umweltbewusstsein in Deutschland behandelte 2022 als Schwerpunkt den umwelt- und klimafreundlichen Umbau der deutschen Wirtschaft. Eine deutliche Mehrheit von 91 Prozent sprach sich dafür aus.[39]

Jetzt könnte man sagen: Wähle doch eine kleine Partei oder gründe selbst eine. Aber gebe ich meine Stimme einer Partei, die bei der Wahl an der Fünfprozenthürde scheitert, bleibt für diese Legislaturperiode tatsächlich nichts von meiner politischen Mitbestimmung übrig. Nichts von meiner Meinung, meinen Ideen oder meiner Kritik spielt dann für die Politik noch irgendeine Rolle. Also überlege ich jedes Mal, neue oder kleine Parteien nicht zu wählen, damit meine Stimme nicht ganz verloren geht, und das heißt, ich fühle mich gezwungen, eine Partei zu wählen, hinter der ich nicht stehe, nur damit meine Stimme überhaupt Gewicht hat. Einige Menschen gehen nicht einmal mehr wählen, weil sie sich nicht gehört fühlen, oder halten es für eine Alternative, aus Protest gegen das Nicht-gehört-Werden rechte Parteien zu wählen.

Und das hält mich auch davon ab, selbst eine Partei zu gründen. Ich fürchte, die Fünfprozenthürde würde zumindest in den ersten Jahren dazu führen, dass all meine Mühe vergeblich wäre – und diese Zeit gibt uns die Klimakatastrophe nicht. Als ich noch nicht 18 war, durfte ich nicht einmal wählen, genauso wie Millionen andere Minderjährige oder in Deutschland lebende Ausländer:innen.

CHIARA Nicht nur wird meine individuelle Meinung nicht gehört, ich fühle mich innerhalb unserer Demokratie nicht einmal ausreichend repräsentiert. Die Art, wie Parteipolitik funktioniert, ist für junge Mütter wie mich genauso wie für viele andere Menschen schlicht exkludierend. Die Ursache dafür, dass zum Beispiel Frauen, Jüngere und Personen mit niedriger Bildung schon innerhalb der Parteien stark unterrepräsentiert sind – im Gegensatz zu Personen mit höherer Bildung sowie Beamte und Angestellte im öffentlichen Dienst[40] –, könnte das Ergebnis eines fehlenden Konsenses darüber sein, wie Politik überhaupt gemacht werden soll, sodass sie bis heute für Vertreter:innen bestimmter gesellschaftlicher Gruppen nur schwer zugänglich ist, zum Beispiel weil sie nicht familienfreundlich genug oder ausreichend barrierefrei gestaltet ist.

Das Ergebnis: Von im Jahr 2021 insgesamt 709 gewählten Mitgliedern des Bundestages (MdB) sind nur 223 – also knapp über 30 Prozent – Frauen. Der Altersdurchschnitt liegt bei 47 Jahren[41], und die monatliche einkommensteuerpflichtige Aufwandsentschädigung pro MdB bei über 10 000 Euro.[42] Reiche weiße Männer über 45 sind im Bundestag überrepräsentiert und können ihre politischen Interessen insofern besser vertreten und durchsetzen als zum Beispiel junge Mütter wie ich.

Ich bin mir sicher, dass wir dieses Problem nicht lösen, indem wir aufwendige Maßnahmen überlegen, um die Repräsentation bestimmter Gruppen zu erhöhen (wie z. B. Frauenquoten). Wenn wir das System nicht so reformieren, dass alle von Anfang an gehört werden und sich mühelos einbringen können, wenn wir althergebrachte Systeme nicht auf den Prüfstand stellen und Grundsatzfragen neu verhandeln, dann wird sich nicht ausreichend ändern, dass der Wille des Volkes lediglich eine Mehrheitswahl aus den Ideen der überrepräsentierten Gruppe älterer weißer Männer ist. Dann muss auch hier der Begriff »repräsentative Demokratie« als Ambition, nicht aber als Realität verstanden werden.

HANNAH Auch die Polizei ist übrigens entgegen vehementer Beschwörungen in vieler Hinsicht eben kein Querschnitt der Gesellschaft. Prof. Dr. Tobias Singelnstein und Benjamin Derin stellen klar: »Die Polizei ist männlicher, weißer, deutscher, konservativer als der Durchschnitt.«[43] Für mich stellt sich nach Chiaras Ausführungen auch in Bezug auf die Polizei die Frage, wie ein echter Konsens dazu aussehen würde, was wir als Gemeinschaft schützen wollen und wie wir das wollen. Dazu gehört für mich sowohl die grundlegende Diskussion über die Aufgaben der Polizei wie auch die Frage, wann und mit welcher Intensität die Polizei mit Gewalt vorgehen darf – und ob Gewalt überhaupt legitimiert werden soll. Diese Fragen sind für mich nicht unparteilich und gleichberechtigt geklärt. Und vielleicht liegt es auch an fehlender Mitsprache, dass unser Wirtschaftssystem der Allgemeinheit mehr schadet als nützt.

Profitzwang

HANNAH Neben unserem politischen System prägt der Kapitalismus den Alltag unserer Gesellschaft und auch die Politik maßgeblich. Nach dem Zweiten Weltkrieg wurde er in Deutschland zu einer sogenannten sozialen Marktwirtschaft reformiert. Das kapitalistische System beruht auf privaten Eigentumsrechten an Produktionsmitteln und der Anhäufung von Kapital. Die Verteilung von Dienstleistungen und

Gütern wird nicht durch den Staat geregelt, sondern das Angebot der Unternehmen und die Nachfrage am Markt bestimmen, was angeboten und hergestellt wird.

Meine frühere Überzeugung vom Kapitalismus entstand nicht von selbst, sondern sie wurde erzeugt. Ich denke, dass Macht und Ansehen des Kapitalismus nicht zuletzt darauf beruhen, dass viele Menschen der antrainierten Überzeugung sind, kein System wäre geeigneter, unsere grundlegendsten Bedürfnisse zu erfüllen. Ich erinnere mich gut daran, dass eine Lehre unseres Geschichtsunterrichts war, der Kapitalismus in seiner heutigen Form sei das positive Ergebnis einer Menschheitsgeschichte, die im Kapitalismus ihren goldenen Abschluss gefunden habe.

CHIARA Bei genauer Betrachtung meines Umfeldes habe ich jedoch das Gefühl, dass der Kapitalismus die Bedürfnisse der Bevölkerung weniger erfüllt, sondern die Menschen ganz im Gegenteil regelrecht von ihren Bedürfnissen abschneidet. Egal ob Menschen in Würde leben, ein Dach über dem Kopf oder etwas zu essen haben, nicht frieren oder mobil sein wollen – nur wer Geld hat, kann sich diese Bedürfnisse erfüllen. Zwischen den Menschen und seine natürlichen Abhängigkeiten wurde per System eine unnatürliche Abhängigkeit eingerichtet.

In Maslows Bedürfnispyramide müsste bei der Beobachtung des modernen Menschen eine Änderung vorgenommen werden. Das elementarste Bestreben der Menschen innerhalb ihres Alltags ist: Geld zu verdienen. Geld ist die Bedingung dafür, sich etwas zu essen und die Miete leisten zu können. Das Leben wird zum Kampf darum.

HANNAH Weil wir es nie anders erlebt haben, ist es kaum vorstellbar – aber es gab einmal eine Zeit, in der die Natur niemandem und dadurch allen gehörte. Menschen konnten wie alle anderen Lebewesen frei und nach ihren Instinkten leben. Sie lebten in Gemeinschaften zusammen und konnten sich ihre Bedürfnisse – sei es Wasser, Nahrung oder Wärme – unmittelbar erfüllen, indem sie sich direkt aus der Natur bedienten und sich nahmen, was sie brauchten. Da Boden heutzutage zu Eigentum geworden ist – also auf dem Papier irgendjemandem gehört – und damit auch alle natürlichen Ressourcen privatisiert sind, kann man sich nicht einfach von überall nehmen, was man zum Leben braucht, oder es selbst herstellen, sondern muss es mithilfe von Geld aus dem Besitz einer anderen Person lösen und in den eigenen Besitz überführen. Das heißt natürlich nicht, dass ich mich zurück in die Steinzeit wünsche, sondern dass ich überzeugt bin, dass es möglich wäre, auch das heutige Leben so zu organisieren, dass Grundbedürfnisse bedingungslos gedeckt werden.

Ich glaube, die wenigsten Menschen würden von selbst freiwillig einen Großteil ihrer Lebenszeit dafür opfern, für jemand anderen zu arbeiten, anstatt für sich selbst und ihre Gemeinschaft. Sie tun es deshalb, weil sie keine andere Wahl haben. Unser kapitalistisches System baut darauf auf und ist davon abhängig, dass einigen Menschen etwas gehört, während alle anderen von der unmittelbaren Erfüllung ihrer Grundbedürfnisse abgeschnitten sind. Sie sind dazu gezwungen, für andere arbeiten zu gehen, wenn sie leben wollen.

CHIARA Als ich noch in Vollzeit und im Schichtdienst gearbeitet habe, verschlang der Dienst so viel meiner Zeit und Energie, dass ich die meiste freie Zeit nach Feierabend und zwischen den Schichtblöcken fast nur dafür brauchte, um einkaufen zu gehen, etwas im Haushalt zu machen und mich zu erholen, um dann in den nächsten Schichtblock einzusteigen. Am Ende des Monats hatte ich zwar Geld verdient, dafür aber mich selbst und mein Umfeld vernachlässigt. Viele meiner Beziehungen litten darunter, weil ich sie als zusätzliche Belastung und Verpflichtung empfand, ich war zu müde für Gespräche und nach dem Dienst nicht mehr zu weiteren Kompromissen bereit. Ich konnte mich schwer dazu aufraffen, Musik zu machen oder mich an meine Nähmaschine zu setzen. Um in der Natur zu sein, hätte ich erst einmal dem Autolärm vor der Tür entfliehen müssen. Tiefsinnige Gespräche mit meiner Familie führen, über den Sinn des Lebens nachdenken – all diese wichtigen Bedürfnisse blieben bei mir nach harten Diensttagen und -wochen auf der Strecke. Ich hatte das Gefühl, zu verblassen, konnte mich selbst oft nicht mehr spüren, und wenn ich weinte, dann aus Verzweiflung über die mich umgebende Belanglosigkeit und die emotionalen Mauern, die sich um mich herum verfestigten.

Forscher:innen gehen davon aus, dass zu einer Zeit, als die Natur noch allen gehörte, nur drei bis vier Stunden pro Tag für die lebenswichtige Arbeit nötig waren.[44] Der Rest des Tages diente zur Regeneration in freier Gestaltung. Heute brauche ich für meinen Haushalt immer noch mehrere Stunden am Tag – allerdings unbezahlt und neben dem Dienst.

Ich habe keine Möglichkeit, unabhängig Geld zu verdienen, weil meine Eltern mir weder Geld noch ein Unternehmen vererbten, mit dem ich Produkte herstellen oder Dienstleistungen anbieten könnte. Ich bin auf einen Arbeitsplatz angewiesen, und aus der Abhängigkeit von Geld entsteht wie bei vielen Menschen eine verhängnisvolle Abhängigkeit von einer Arbeitsstelle.

HANNAH Ebenso wie unser politisches System fußt auch unser wirtschaftliches System auf dem Konkurrenzprinzip: Menschen konkurrieren um Arbeitsplätze, Staaten konkurrieren darum, der beste Wirtschaftsstandort zu sein, um Unternehmen anzulocken, und Unternehmen konkurrieren um den höchsten Marktanteil.

Um am Markt zu bestehen und nicht von einer anderen Firma verdrängt zu werden, müssen Unternehmen mit ihrem Angebot überzeugen. Das gelingt zum Beispiel, indem sie bei diesem Wettkampf mit stetig neuen Innovationen antreten oder durch offensiveres Marketing. Elementar dabei ist, am Markt Profit zu generieren, denn erst ein finanzieller Gewinn kann in Maßnahmen, die den Profit weiter steigern, investiert werden. Unternehmen können nicht einfach kostendeckend arbeiten, denn ihre Existenz hängt mit ihrem Profit zusammen. Gleichzeitig schläft die Konkurrenz nicht, auch sie macht Profit, um ihn zu investieren.

Und hier kommen wir zu einem wichtigen Punkt: Es entsteht ein ständiger Zwang, mehr Profit als die Konkurrenz zu generieren, und das wiederum bedeutet ein ständiges Wachstum der Produktion. Aus dem Wettkampf am Markt entsteht ein Profitzwang für jedes einzelne Unternehmen, in dessen Konsequenz sich die weltweite Wirtschaftsleistung immer weiter in die Höhe schraubt – es entsteht ein Wachstumszwang.

Wer es nicht schafft, die Ware unter die Leute zu bringen, hat am Markt keine Chance. Dass Unternehmen am Puls der Zeit bleiben und ständig neue Innovationen hervorbringen, ist das, was viele Menschen am Kapitalismus so schätzen. Deswegen können in Deutschland heute so viele Menschen ihre Wäsche mit einer Waschmaschine waschen, argumentieren viele.

Um für das eigene Fortbestehen existenziellen Profit zu

generieren, können Unternehmen aber auch zu anderen Mitteln greifen, als Innovationen auf den Markt zu bringen. Schwarze Zahlen lassen sich nicht nur durch Qualität und gesunden Fortschritt erreichen. Das zuverlässigste Mittel, um Profit zu generieren, ist, die Produktionskosten zu senken. Und das schafft man durch die Ausbeutung von Mensch und Natur innerhalb der Produktions- und Lieferketten. Hier liegt der tragische Ursprung all unserer gegenwärtigen massiven Krisen. Der Kapitalismus löst Krisen nicht, sondern er löst sie aus, indem er Eigentum und das Wohl der Allgemeinheit dem Profit unterordnet.

CHIARA Wenn viele Menschen ohne Eigentum von einer Lohnarbeit abhängig sind, weil sie anders nicht leben können, während Unternehmen gleichzeitig einem Profitzwang unterliegen, folgt die Ausbeutung menschlicher Ressourcen geradezu automatisch.

Viele Unternehmen senken ihre Produktionskosten und zahlen dort weniger, wo es dann das Wohl von Menschen kostet. Einige deutsche Unternehmen wechseln dafür zum Beispiel den Standort und lagern ihre Produktion nach Osteuropa aus oder in andere Länder außerhalb von Europa wie Bangladesch oder Pakistan, wo Arbeitskräfte für weniger Geld arbeiten und keine Rücksicht auf Menschen- und Kinderrechte genommen wird.

Um uns ein Bild von moderner Sklaverei zu machen, braucht es aber nicht erst den Blick in andere Länder – wir müssen nur vor unsere eigene Haustür schauen.

Meine Gruppe und ich entdeckten im Überseehafen ein Kriminalitätsfeld für uns, welches nicht viel Aufmerksamkeit bekam. Kurz gesagt ging es dabei um die Menschenausbeutung durch deutsche Großunternehmen. Recht und Gesetz werden dabei ausgehebelt, und zwar so: Große deutsche Unternehmen beauftragen sogenannte Subunternehmen mit bestimmten Dienstleistungen, wie zum Beispiel dem Verlegen von Glasfaser für schnelles Internet oder der Asbestentfernung. Diese Subunternehmen wiederum werben Menschen aus Staaten außerhalb der EU an, möglichst solche, die für einen touristischen Aufenthalt ohne ein Visum nach Deutschland einreisen können. Zum Beispiel Staatsangehörige ärmerer Länder, die als »Wirtschaftsflüchtlinge« keine Chance auf ein Bleiberecht auf legalem Wege hätten und so nach jedem Strohhalm greifen, der sie und ihre Familien ernähren kann. Ihnen wird dann bei der Einreise nach Deutschland geholfen, wo sie sich als Tourist:innen ausgeben. In Deutschland werden sie im Anschluss bei der Anmeldung einer Selbstständigkeit mit gefälschten, erschlichenen oder missbrauchten Dokumenten unterstützt und dabei in dem Glauben belassen, man unterstütze sie bei der Beantragung eines legalen Aufenthalts. Tatsächlich ist ihr Aufenthalt nicht legal, und als Subunternehmer:innen der Subunternehmen der Großunternehmen werden sie dann in heruntergekommene Unterkünfte gesteckt, wo sich auf kleinstem Raum etliche Menschen in Schichten die Mehrstockbetten teilen. Sie bekommen zu wenig Geld, um nur ansatzweise in Würde leben zu können, werden manchmal gar um dieses Geld betrogen und, wenn sie sich beschweren, im Zweifel damit unter Druck gesetzt, dass sie sich unerlaubt in Deutschland aufhalten und jederzeit den Behörden gemeldet werden könnten. Was ist das anderes als moderne Sklaverei?

Menschen wie diese finden sich jeden Tag in einem stetigen Kampf um ihre elementarsten Bedürfnisse wieder, während andere über ein Vielfaches mehr an Eigentum und Geld verfügen, als sie brauchen. Menschen, die es geschafft haben, andere für sich arbeiten zu lassen, anstatt selbst für andere zu arbeiten, oder die Erben solcher Menschen. Und da es am Markt immer Verlierende geben muss, gibt es mit fortschreitendem Wettkampf immer mehr Verlierende und immer stärker Gewinnende.

Die fünf reichsten Männer der Welt haben ihr Vermögen seit 2020 mehr als verdoppelt, gleichzeitig sind die ärmsten fünf Milliarden Menschen weltweit noch ärmer geworden, das geht aus der im Januar 2024 veröffentlichten Inequality-Inc.-Studie der internationalen Organisation Oxfam hervor, die sich für die Bekämpfung von Armut und Ungleichheit einsetzt. Meine Eltern müssen sich zu ihrer Rente etwas dazuverdienen, und viele Kinder können sich kein Essen in der Schulküche leisten, während Automobilkonzerne, Fußballclubs und Banken schwindelerregende Dividenden an ihre Anteilseigner:innen ausschütten[45] und Flüge mit dem Privatjet zunehmen[46]. Noch erschütternder wird es, wenn man den Wohlstand des globalen Nordens mit der Armut des globalen Südens vergleicht, dessen Bodenschätze, sonstige Ressourcen und Menschen seit Jahrhunderten kolonial ausgebeutet werden. Während auf Sylt Golfplätze bewässert werden, verdursten anderswo Menschen.

HANNAH Die Verfechter:innen unseres Wirtschaftssystems behaupten, dass es trotz dieser Ungleichheit gerade der inhärente Wachstumszwang des Kapitalismus ist, der zunehmend Wohlstand für alle bringe. Wenn die Wirtschaft immer weiter wachse, würden langfristig auch die Ärmeren wohlhabender werden.

Es gibt allerdings ein entscheidendes Problem: Der Wachstumszwang der Wirtschaft ist der Grund für die Vernichtung unserer Lebensgrundlagen. Eine zunehmende Produktion hängt untrennbar mit einem zunehmenden Energiebedarf zusammen, und der Großteil der weltweit genutzten Energie wird aus fossilen Energieträgern gewonnen. Kohle, Erdöl und Erdgas sind die Überreste von Pflanzen und Tieren, die über Millionen von Jahren hinweg in der Erdkruste abgebaut und komprimiert wurden und nun verbrannt werden, um daraus Energie zu gewinnen. Bei dieser Verbrennung entstehen Treibhausgase wie Kohlendioxid (CO_2), die ursächlich für die Klimaerwärmung sind. Darüber hinaus werden bereits bei der Gewinnung fossiler Energien ganze Ökosysteme zerstört, beispielsweise wo Kohleminen angelegt werden, giftige Chemikalien in die Umwelt gelangen oder Fracking betrieben wird.

Neben den fossilen Energien werden auch die Rohstoffe, aus denen Waren produziert werden, aus der Natur entnommen. Wenn Wälder für Holz gerodet werden oder für die Rohstoffgewinnung Bergwerke und Tagebau angelegt werden, zieht auch das immer einen Eingriff in die Natur und die Zerstörung von Ökosystemen nach sich. Funktionierende und gesunde Ökosysteme wie Wälder, Moore und Ozeane sind für das Gleichgewicht des Weltklimas essenziell, weil sie große Mengen CO_2 binden. Sie zu zerstören ist verheerend, weil dadurch die drohenden Klimakipppunkte schneller erreicht werden, und absurd, weil auch wir Menschen ein Teil von Ökosystemen sind und unsere Gesundheit abhängig von ihrer Gesundheit ist.

Ich finde es unglaublich, wenn die Entscheidungsträger:innen der Politik diese Zerstörungen nicht nur rechtfertigen, sondern die Lösung für die Klimakatastrophe und die ökologische Katastrophe gerade dort suchen, wo sie entsprungen ist: im Kapitalismus.

CHIARA Nach dem Zweiten Weltkrieg kleidete sich der Kapitalismus in das Gewand einer »sozialen« Marktwirtschaft. Er gab den Menschen Hoffnung, versprach er ihnen nach zwei verheerenden Kriegen und einer Weltwirtschaftskrise doch Frieden und das Ende von Armut und Ungleichheit. Diese Bezeichnung – soziale Marktwirtschaft – klingt vielversprechend, täuscht aber über die soziale Ungleichheit und die Menschenausbeutung der Realität hinweg, die der Wachstumszwang des Kapitalismus tatsächlich mit sich bringt. Angesichts der Klimakatastrophe gibt es nun ein neues Gewand für den Kapitalismus, einen neuen Hoffnung gebenden und beruhigenden Euphemismus, doch auch er entpuppt sich als zerstörerische Scheinlösung: »grünes Wachstum«.

Versprochen wird, dass Wirtschaftswachstum und Umweltschutz nicht nur vereint werden, sondern dass der Innovationsgeist des Kapitalismus geradezu der Schlüssel für die Lösung der Klimakatastrophe ist. Die Mehrheit aller Regierungspläne zu Klimaschutz und Klimaneutralität basieren auf dieser Idee und auf der Hoffnung, dass innovative Technologien den Ausbau der erneuerbaren Energien beschleunigen und die Energiegewinnung aus Kohle, Gas und Öl ersetzen.

HANNAH Tatsächlich gibt es Fortschritte beim Ausbau der erneuerbaren Energien wie Solar- oder Windenergie. Trotzdem beruhen die Klimastrategien der meisten Regierungen auf der Zukunftsmusik von Technologien, deren Erfindung nicht vorhergesagt werden kann. Für mich ist außerdem klar, dass es eine falsche Annahme ist, dass der stetig steigende Energiebedarf der Weltwirtschaft durch diese emissionsfreien Energiequellen überhaupt gedeckt werden kann. Ich habe mir das mit ein paar Fakten verdeutlicht:

In den vergangenen 40 Jahren ist die Weltwirtschaft mit wenigen Ausnahmen pro Jahr zwischen zwei und sechs Prozent gewachsen. Bei der Annahme, dass die Weltwirtschaft auch in Zukunft jährlich um durchschnittlich vier Prozent wächst, wird sich ihr Gesamtvolumen etwa alle 18 Jahre verdoppeln.[47] Wenn der Energiebedarf abhängig von der Wirtschaftsleistung immer weiter steigt, dann decken erneuerbare Energieträger einen zusätzlichen Bedarf, ersetzen aber nicht alle alten Energieträger. Wie schnell müssten erneuerbare Energien ausgebaut werden, um den aktuellen Bedarf der Wirtschaft und in 18 Jahren den doppelten Bedarf bereitzustellen, inklusive des Bedarfes für ihren eigenen Ausbau? Diese Rechnung geht nicht auf. Darüber hinaus werden auch für erneuerbare Energieträger und Produkte wie Elektroautos und Solarpanels Ressourcen gebraucht. Für die Batterien von Elektroautos zum Beispiel Lithium, eine immer knappere und insgesamt begrenzte Ressource. Studien zufolge würden allein für einen »grünen« Umbau der europäischen Wirtschaft bis 2050, wie der EU Green Deal es vorsieht, jährlich (!) fünf bis zehn Prozent des weltweiten Lithium-Vorkommens benötigt. Ein Umbau der gesamten Weltwirtschaft ist vor dem Hintergrund dieser Rechnung schlicht unmöglich.[48]

Im Ergebnis gilt es festzuhalten: Wenn das Problem des Wachstums nicht gelöst wird, wird es keine klimaneutrale Lösung für die Wirtschaft geben. Der Fortschritt bei den erneuerbaren Energien kann mit dem Tempo des Weltwirtschaftswachstums nicht mithalten und stößt spätestens dann an seine Grenzen, wenn die Ressourcen der Erde ausgeschöpft sind. Echter Klimaschutz und stetiges Wachstum sind unvereinbar, weder trotz noch durch Wachstum kann Klimaneutralität jemals erreicht werden. Oder wie der Bericht des Club of Rome von 1972 mit dem Titel *Die Grenzen des Wachstums* oft zusammengefasst wird: Es kann kein unendliches Wachstum auf einem endlichen Planeten geben.

Je öfter die Lösungen für unsere Probleme im Kapitalismus gesucht werden, je ausdauernder dieser Teufelskreis vorangetrieben wird, desto folgenschwerer eskaliert die Situation. Grünes Wachstum ist eine Illusion.

Egal wie man ihn nennt, in welchem Gewand er steckt, es bleibt so, wie es ist: Der Kapitalismus dient einzig seinem zerstörerischen Selbstzweck, dem Maximieren von Profiten, und denjenigen, die diese Profite einstecken.

Zerstörerische Konkurrenz

HANNAH Wenn Politik und Wirtschaft jeweils auf Konkurrenz beruhen, wird auch das System der gesellschaftlichen Ordnung insgesamt zu einem Wettkampf, in dem das demokratische und das kapitalistische System miteinander konkurrieren. Ein Ringen des Gemeinwohls mit dem Profit, ein Konflikt zwischen dem Eigentum weniger und der Zukunft aller. Wer gewinnt dieses Duell? Übertönt der Lärm des Marktes die Stimme der Demokratie?

Ich habe gefühlt jedes indirekte Instrument als Möglichkeit der politischen Partizipation neben der Wahl ausprobiert, um mir Gehör zu verschaffen – ich habe meine Meinungsfreiheit ausgeübt und meine Ansichten öffentlich auf Demonstrationen geäußert, ich habe viele Petitionen unterzeichnet, viele Artikel verfasst und ein Buch geschrieben, habe mich in Initiativen engagiert, Bildungs- und Vernetzungsarbeit geleistet und aktivistische Proteste organisiert. All dieser Einsatz war immer davon abhängig, wie viel Zeit und Kraft ich am Ende meines Alltags noch übrig hatte. Aber egal, was ich tat und wie sehr ich mich dabei anstrengte – es gibt etwas, was überzeugender ist als alles andere: Geld.

Wenn wir uns die verschiedenen Säulen unserer Demokratie anschauen, können wir feststellen, dass der Kapitalismus auf alle von ihnen seinen schädlichen Einfluss ausübt.

Die Gewaltenteilung ist ein grundlegendes Prinzip der Demokratie. Ihr Sinn besteht darin, die Macht im Staat auf verschiedene Institutionen zu verteilen, um Machtmissbrauch zu verhindern und die individuellen Freiheiten und Sicherheiten der Bürger:innen zu schützen. Die gegenseitige Kontrolle der gesetzgebenden Gewalt (Legislative), der ausführenden Gewalt (Exekutive), zu der auch Staatsanwaltschaften und die Polizei gehören, und der rechtsprechenden Gewalt (Judikative) soll die demokratische Kontrolle über die Regierung fördern.

CHIARA Es fängt schon bei der Gesetzgebung an. Auch den Gewinnenden des kapitalistischen Systems steht es frei, den legislativen Prozess neben den Wahlen auf andere Weise mitzubestimmen.

Unmengen finanzieller Mittel werden durch Unternehmer:innen in die eigene Interessenvertretung investiert. Je reicher ein Unternehmen oder eine Person ist, desto enormer sind die finanziellen Möglichkeiten, die für diesen Lobbyismus bereitstehen und dem Erhalt des Status quo und der eigenen Privilegien dienen. Finanzielle Macht wird zu politischer Macht.[49]

In Deutschland gibt es im Bundestag mehr Lobbyist:innen mit Hausausweis als Abgeordnete.[50] Es ist auch nicht unüblich, dass hohe Geldsummen direkt auf Parteikonten landen und so Einfluss auf politische Entscheidungsträger:innen der gesetzgebenden Gewalt genommen wird – 2023 verzeichnete die CSU die größte Einzelspende, 569 962 Euro wurden an die Partei vom Verband der Bayerischen Metall- und Elektro-Industrie überwiesen.[51] Auch Wahlergebnisse können bereits dadurch beeinflusst werden, welche Partei durch Großspenden von Unternehmen und Einzelpersonen zum Beispiel am meisten in Wahlwerbung investieren kann.

Während solche Spenden legal sind, wird auch der Korruptionsverdacht durch das Bekanntwerden inoffizieller Zahlungen immer wieder genährt. So zum Beispiel 2020, nachdem bekannt wurde, dass der Bundestagsabgeordnete Philipp Amthor (CDU) das Tech-Unternehmen Augustus Intelligence mit persönlichem Briefkopf beim Bundeswirtschaftsministerium empfahl und im Gegenzug Aktienoptionen des US-amerikanischen Unternehmens erhielt.

HANNAH Auch bei der Exekutive, der ausführenden Gewalt, scheint der Geldbeutel nicht nur bei der anwaltlichen Vertretung eine Rolle zu spielen. Im April 2024 kündigte Anne Brorhilker an, aus ihrem Beamtenverhältnis als Oberstaatsanwältin auszuscheiden. Sie leitete in Köln die Abteilung, die für die Aufklärung der Cum-Ex-Fälle – dem größten Steuerskandal Deutschlands – eingerichtet worden war, und leitete etwa 120 Ermittlungsverfahren zu 1700 Beschuldigten ein. Hinter Cum-Ex verbergen sich Deals, bei denen Reiche sich nicht nur einmal gezahlte Kapitalertragssteuern zurückerschlichen, sondern durch eine zusätzliche Erstattung dieser Summe gleich doppelt in die Tasche von Bürgerinnen und Bürgern griffen – es geht um mindestens 35 Milliarden Euro.[52]

Es waren die Steuerbehörden der Hansestadt Hamburg, die trotz Hinweisen und Verdachtsmomenten nicht angemessen auf Cum-Ex-Geschäfte reagierten.

Die Entscheidung für ihre Entlassung aus dem Beamt:innenverhältnis begründete Anne Brorhilker unter anderem damit, dass die Täter ausreichend Geld und gute Kontakte hätten, um sich aus den Verfahren freizukaufen, und dass die Politik dabei zusehe. Wen konkret sie hier meint, ist nicht klar, interessant ist jedoch, dass das Finanzamt Hamburg im November 2016 plötzlich auf die vorher geforderte Rückzahlung von allein im Jahr 2009 durch Cum-Ex-Geschäfte erbeuteten 47 Millionen Euro durch die Hamburger Privatbank MM Warburg verzichtete. Die Ermittlungen durch die Staatsanwaltschaft Köln deckten in den Tagebüchern des Warburg-Bank-Eigentümers Christian Olearius auf, dass dieser nicht nur Hilfe einiger einflussreicher Politiker zugesagt bekam, sondern sich auch dreimal mit dem ersten Bürgermeister der Hansestadt Hamburg traf. Laut Olearius soll es dabei um Cum-Ex gegangen sein, der ehemalige Bürgermeister Olaf Scholz erinnert sich angeblich nicht mehr und ist heute Bundeskanzler.

Welchen Job Anne Brorhilker jetzt hat, erfahren wir in Kapitel 7.

CHIARA Und wie steht es um die Judikative, die rechtsprechende Gewalt? Wer sich nicht bereits innerhalb eines Verfahrens freigekauft hat und den Gerichtssaal gar nicht erst zu sehen bekommt, kann auch vor Gericht noch auf ein mildes Urteil hoffen. Im Juni 2023 wurden die ersten Urteile gegen die Verantwortlichen des VW-Diesel-Skandals gesprochen. Der ehemalige Chef der VW-Konzerntochter Audi soll für einen Schaden von 41 Millionen Euro verantwortlich sein[53] und wurde wegen Betruges zu einer Bußgeldzahlung in Höhe von 1,1 Millionen Euro verurteilt, neben einer Bewährungsstrafe von einem Jahr und neun Monaten.

Zum Vergleich: Im April 2024 wurde Lennart neben zwei anderen Protestierenden der *Letzten Generation* für einen Farbprotest am Brandenburger Tor zu einer Haftstrafe von acht Monaten auf zwei Jahre Bewährung verurteilt. Bei dem Urteil wurde durch die Richterin am Amtsgericht Tiergarten von Reinigungskosten in Höhe von rund 110 000 Euro ausgegangen.

Ronen Steinke schrieb mit *Vor dem Gesetz sind nicht alle gleich* ein ganzes Buch darüber, wie Menschen im deutschen Rechtssystem unterschiedlich behandelt werden. Er argumentiert an vielen Beispielen und Fallstudien, dass bestimmte gesellschaftliche Gruppen nicht die gleiche rechtliche Behandlung erhalten wie andere. Am entscheidendsten für den Ausgang von Verfahren sei auch hier der Geldbeutel.

HANNAH Die Medien werden häufig als die vierte Gewalt der Demokratie bezeichnet, und zwar deshalb, weil sie eine zusätzliche Kontrollfunktion über die anderen drei Gewalten ausüben sollen. Allerdings ist auch das Agenda-Setting unserer informellen vierten Gewalt nicht frei vom Einfluss des Geldes. Viele Medien sind von den Werbeeinnahmen abhängig, die durch die Kooperation mit großen Unternehmen generiert werden, und zensieren ihre Berichterstattung zu diesen Unternehmen deshalb.[54] Unternehmen, die große Werbebudgets kontrollieren, können außerdem Druck auf Medienhäuser ausüben, um eine wohlwollende Berichterstattung zu erzielen. Dies kann dazu führen, dass negative Geschichten über diese Unternehmen unterdrückt oder abgemildert werden oder dass Themen, die für Werbekund:innen von Interesse sind, überproportional viel Aufmerksamkeit erhalten, während andere, möglicherweise wichtigere Themen vernachlässigt werden. Unternehmen und Superreiche können die Auswahl und die Gewichtung von Themen in der Berichterstattung und damit Meinungsbildung auch ganz direkt beeinflussen, indem sie sich – wie Tesla-Chef Elon Musk den Nachrichtendienst Twitter oder Donald Trump das soziale Netzwerk TRUTH Social – Medienkonzerne einfach kaufen.

CHIARA Als Ergebnis des Einflusses des Kapitalismus auf unsere demokratischen Prozesse wird nicht nur der Gedanke der Gewaltenteilung ausgehöhlt, sondern auch das Fundament unserer Verfassung langfristig gefährdet: die Grundrechte. Die im deutschen Grundgesetz verankerten Grundrechte basieren auf der Allgemeinen Erklärung der Menschenrechte (AEMR), einer Resolution der Generalversammlung der Vereinten Nationen. Sie enthält grundlegende Ansichten über die Rechte, die jedem Menschen zustehen sollten, »ohne irgendeinen Unterschied« und unabhängig davon, in welchem rechtlichen Verhältnis er zu dem Land steht, in dem er sich aufhält.

Die Menschenrechte der AEMR umfassen Freiheitsrechte wie die bekannten Rechte auf Meinungsfreiheit, Pressefreiheit und Religionsfreiheit. Die Allgemeine Erklärung enthält auch Verbote, wie das Verbot der Folter und der Sklaverei in all ihren Formen.

Darüber hinaus erklären sie auch grundlegende Erholungs- und Wohlfahrtsrechte. In Artikel 25 heißt es: »Jeder hat das Recht auf einen Lebensstandard, der seine und seiner Familie Gesundheit und Wohl gewährleistet, einschließlich Nahrung, Kleidung, Wohnung, ärztliche Versorgung und notwendige soziale Leistungen [...]. Mütter und Kinder haben Anspruch auf besondere Fürsorge und Unterstützung.«

Die Freiheitsrechte und die Rechte auf die Erfüllung der

elementarsten Bedürfnisse gelten nicht nur überall auf der Welt und bedingungslos für jeden einzelnen Menschen, sondern sind auch unteilbar. Kulturelle Freiheit bedingt materielle Sicherheit und andersherum. Ohne Nahrung ist keine Meinungsfreiheit etwas wert, in Sklaverei kein Leben lebenswert.

In seinem Beschluss vom 24. März 2021 bezieht sich das Bundesverfassungsgericht (BVerfG) auf diese Unteilbarkeit von Sicherheit und Freiheit und verdeutlicht, dass das Klimaschutzgesetz der Bundesregierung gerade diesem Anspruch nicht gerecht wird, weil konkrete Maßnahmen für die Emissionsreduktion ab 2031 fehlen. Das BVerfG sieht Klimaschutz als verfassungsrechtlich verbindlich, weil praktisch jegliche Freiheit von der Sicherung der Lebensgrundlagen abhängig ist. Wenn das Klima jetzt nicht geschützt wird, werden in Zukunft Freiheiten eingeschränkt werden. Entweder durch die Zerstörung von Lebensgrundlagen selbst oder durch die drastischen Einschränkungen, die nötig werden, um die Klimakatastrophe dann noch aufzuhalten.

»Die bisherigen Emissions-Reduktionsraten reichen bei Weitem nicht aus, um die Klimaschutzziele für 2030 zu erreichen – weder in der Summe noch in den einzelnen Sektoren«[55], stellt Thomas Heimer, Mitglied des Expert:innenrats für Klimafragen, fest.

HANNAH Seit die Menschheit Kenntnis über die selbst verursachte Klimakatastrophe hat, steigen die Emissionen weltweit ungebremst weiter an.[56] Politisch wird dieses Problem zwar anerkannt, selbst die niedrigschwelligsten Lösungen für Klimaschutz werden aber von wirtschaftsfreundlichen Politiker:innen wie denen von FDP und CDU als »wirtschaftsfeindlich« abgelehnt und blockiert – Arbeitsplätze dürften nicht gefährdet werden, Klimaschutz nicht zu teuer sein. Unternehmen lobbyieren intensiv gegen ambitionierte Klimapolitik, und die Regierung des selbst ernannten »Klima-Kanzlers« schwächt ein Klimaziel nach dem anderen ab. Bereits in unserem erstrittenen Gespräch nach dem Hungerstreik 2021 verteidigte dieser die Arbeitsplätze in der Stahlindustrie und erklärte, den »Wohlstand zu erhalten und zusätzlichen Wohlstand zu gewinnen«[57] als Ziel. Welchen Wohlstand meinen Politiker und Politikerinnen, wenn Häuser in den Fluten klimakatastrophenbedingter Unwetter davonschwimmen wie erst im Mai 2024 im Saarland, nur knapp drei Jahre nachdem im Ahrtal über 130 Menschen bei einer Flutkatastrophe ums Leben kamen?

Auf der anderen Seite werden Milliarden an Steuergeldern wie zuletzt während der Covid-19-Pandemie kurzfristig dafür investiert, klimaschädliche und vernichtende Industrien zu retten, gilt es doch, das Funktionieren der Wirtschaft um jeden Preis sicherzustellen.

Im April 2024 ein weiteres Urteil: Der Europäische Gerichtshof für Menschenrechte urteilte, dass Klimaschutz ein Menschenrecht ist. Er gab einer Gruppe Seniorinnen recht, die die Schweiz zu mehr Klimaschutz verklagt hatten. Eine Berufung ist nicht möglich.

CHIARA Die Urteile unserer höchsten Gerichte wirken weniger wie ein Anlass für eine entschiedene Wende, sondern mehr wie die Meilensteine der Katastrophe. Es scheint, als wären Demokratie und Rechtsstaatlichkeit dem Kapitalismus keine ebenbürtigen Gegner. Dem Menschen und der Umwelt setzt der Kapitalismus vehement sein eigenes Ziel entgegen und bedroht sie mit seinem rücksichtslosen Profitstreben.

Kapitel 6

EINE GEFÄHRLICHE SPIRALE

BEIDE Bei alldem drängt sich eine Frage auf: Wenn der Kapitalismus so schädlich ist, warum existiert er dann weiterhin? Wie kann es sein, dass ein System, welches unser aller Leben in Würde gefährdet, sich standhaft aufrechterhält? Dieser Frage wollen wir auf den Grund gehen.

Wir werden dabei drei Gründe erforschen, die dazu beitragen, dass der Kapitalismus so eisern Bestand hat: wir selbst – die Bürger:innen und Bürger –, eine fehlgeleitete öffentliche Debatte und nicht zuletzt: die Polizei. All diese Faktoren sorgen dafür, dass unsere aktuellen Probleme nicht an ihrer Wurzel angegangen werden. Wir werden aufzeigen, dass als Folge dessen die gesellschaftliche Stimmung immer weiter nach rechts kippt und immer stärker von einem Klima der Gewalt geprägt ist. Letztendlich finden wir uns vor einer Entscheidung wieder: zuzusehen, wie ein neuer Faschismus aufzieht, oder unser System gänzlich neu zu denken.

Ungesunde Anpassung

CHIARA Ich glaube, dass schädliche Systeme unter anderem dadurch stabilisiert werden, dass Menschen innere Widerstände – die ein wertvoller Hinweis auf Probleme sein können – ignorieren, sich stattdessen zusammenreißen und den vorgegebenen Strukturen anpassen. Auch in meinem beruflichen Alltag war mein innerer Rhythmus wenig taktgebend. Das morgendliche Aufstehen wurde durch meinen Wecker diktiert, meine Arbeitskolleg:innen habe ich mir nicht selbst ausgesucht, Pausen empfand ich nicht als erholsam, und die Räume, in denen ich mich aufhielt, nicht als gemütlich. Jahrelang lebte ich sogar an einem Ort, an dem ich nicht leben wollte. Die Dinge, die ich tun musste, gewannen mit dem Erwachsenwerden immer mehr an Bedeutung auf Kosten der Dinge, die ich wirklich wollte. Wofür der ganze Stress? Ich spürte, dass etwas nicht stimmte, mein Leben tat mir nicht gut. Ich befürchtete, dass neben mir auch viele andere Menschen entgegen ihrer Intuition lebten und handelten und dass wir damit unserer Gesellschaft schadeten, mitverantwortlich waren für die Krisen unserer Zeit. Das war eine schlimme Ahnung, wollte ich doch stets alles richtig machen.

Um diesem Spannungszustand entgegenzuwirken, habe ich lange Zeit nicht auf mich selbst vertraut, sondern mich sogar verstärkt an die äußeren Bedingungen angepasst. Meine natürliche Anpassungsstrategie zielte nicht darauf ab, die Situation zu verändern, sondern mich selbst und mein Verhalten. In der Natur ist Anpassung grundsätzlich ein wichtiger Mechanismus – allerdings kostete es mich unheimlich viel Energie, meine inneren Widerstände immer wieder zu überwinden, um innerhalb des Systems um mich herum zu funktionieren. Ich biss die Zähne zusammen, schluckte meinen Frust herunter und verspürte kurzfristige Erleichterung, hielt weiter durch – und stabilisierte so einen ungesunden Status quo. Ich schadete mir selbst, anstatt die Kraft meines Frustes in gesunde und langfristige Veränderungen zu investieren. Mittlerweile habe ich erkannt, dass viele meiner Probleme erst durch mein Anpassungsverhalten entstanden sind oder dadurch verschärft wurden, und ich vermute, dass es sich mit den zunehmenden Krisen innerhalb des gesellschaftlichen Zusammenhangs ebenso verhält.

Ich beobachte mittlerweile sehr aufmerksam auch viele andere Menschen in meinem beruflichen und persönlichen Umfeld dabei, wie sie verschiedene Anpassungsleistungen in ihrem Alltag erbringen. Einer der am weitesten verbreiteten Mechanismen, um trotz innerer Widerstände weiterzumachen, scheint mir die Verdrängung zu sein. Die Klimakatastrophe, soziale Ungerechtigkeiten, Kinder, die unter sklavenähnlichen Bedingungen unsere Kleidung herstellen, oder Menschen, die auf der Flucht vor den Folgen von Ausbeutung und der Klimakatastrophe im Mittelmeer ertrinken – dieses Wissen ist verfügbar. Und trotzdem wird es kollektiv so sehr verdrängt, dass es das Befinden nicht stört. *»Ich kann mir das nicht ansehen«*, heißt es dann oft, und der Sender wird umgeschaltet.

Ständig verfügbare Beschallung durch Radio, Fernsehen, Social Media, Streaming-Dienste und Co., aber auch eine chronisch hohe Geräusch- und Reizkulisse insgesamt tragen dazu bei, die gelegentlichen Gedanken an deprimierende Fakten schnell wieder auf Banalitäten zu lenken.

Technische Innovationen ermöglichen es, einem weiteren Verdrängungsmechanismus zu ständig neuen Leveln zu verhelfen. Der Eskapismus steht für die Flucht aus dem Alltag und vor der Auseinandersetzung mit Problemen in andere (gedankliche) Welten. Menschen träumen sich in die digitalen Wasserwelten von *Avatar* und den Dschungel von *Indiana Jones,* während die natürliche Vielfalt unserer eigenen Realität zubetoniert, zugemüllt und zerstört wird.

Aber auch zu den ältesten Helfern bei der Flucht aus dem Alltag greifen viele Menschen nach wie vor: Drogen – Zigaretten, Zucker, Energydrinks, Kaffee, Ecstasy oder je nach Geldbeutel Kokain, das exzessive Betreiben von Sport oder anderen Dingen, der Konsum von Medien, Fastfood und Alkohol – liefern wahlweise zuverlässig kurzfristige Energie, schnelles Glück oder unterstützen dabei, den Druck des Alltags mit seinen belastenden Gefühlen zu kompensieren. Sorgen und Stress verfliegen für einen Moment, und das konnte ich vor allem auch bei der Polizei immer wieder beobachten.

Am Rande des G-20-Gipfels 2017 in Hamburg wurden Beamt:innen von drei Einsatzhundertschaften noch vor Beginn des Einsatzes aufgrund eines Alkoholskandals abgelöst. Mich überraschte diese Nachricht nicht, Alkoholexzesse wie diese empfand ich keinesfalls als eine Seltenheit. Während meines Studiums wurde pünktlich um 16 Uhr zum »Anschnappen« auf dem Kasernenflur gerufen. An den Wänden Fotografien von Polizeieinheiten und -hubschraubern, zwischen den Türen zu den kahlen Einzelbuden mit senfgelben Vorhängen ein Stuhlkreis, in der Mitte ein Bierkasten und nicht selten ein paar Schnapsflaschen. Es war an der Tagesordnung, nachmittags im örtlichen Supermarkt auf einige Ausbilder zu treffen, die ebenfalls Bier und Schnaps zur Kasse trugen. Einmal beendete die Landespolizei eine Party innerhalb unserer Kaserne, als Möbel aus dem Fenster geworfen wurden. Auch mein persönlicher Zigaretten- und Alkoholkonsum hatte eine Zeit lang stark zugenommen. Während ich es damals als normale Freizeitgestaltung empfand, direkt aus der Disko beim Antreten zu erscheinen oder die Pausen regelmäßig in der Raucherecke zu verbringen, identifizierte ich es später zunehmend als Problem.

HANNAH Weniger schädlich für die Menschen, jedoch genauso wenig hilfreich und dafür umso schädlicher für Klima und Umwelt, ist der Konsum all der Waren, die auf dem Shoppingmarkt verfügbar sind. Die Anzahl der Dinge, die produziert werden, nimmt nach der kapitalistischen Wachstumslogik insgesamt immer weiter zu, ebenso wie die Anzahl der Gebrauchsgüter, die ein durchschnittlicher Haushalt besitzt.[58] Doch mehr zu besitzen sorgt tatsächlich nicht für mehr Glück und Zufriedenheit. Untersuchungen haben gezeigt, dass Menschen ab einem gewissen Lebensstandard nicht noch zufriedener werden durch noch mehr Besitz, sondern durch immaterielle Güter wie robuste, soziale Beziehungen und das Gefühl von Verbindung und Zugehörigkeit.[59] Immer mehr Menschen leiden regelrecht unter der Last ihres ganzen Besitzes, verwalten und lagern ihn aufwendig und mieten sich gar zusätzliche Räume für all die gekauften, aber nicht benötigten Dinge. Der Kapitalismus hat eine perfide Dynamik: Unzufriedenheit und Stress werden durch die Arbeit ausgelöst, Unternehmen bewerben reizvolle Produkte, für deren Erwerb noch mehr Arbeit geleistet werden muss, um dann noch unzufriedener, gestresster und überlasteter zu sein.

CHIARA Bei der Polizei ist eine bestimmte Anpassungsleistung so stark ausgeprägt, dass dafür sogar ein eigenes Wort existiert: der Polizeizynismus. Dahinter versteckt sich eine berufsbedingte Resignation, eine Art passiven Rückzugs, durch den Polizist:innen sich der Fülle an Überforderung und gesellschaftlichen wie persönlichen Problemen ergeben. Dabei werden verschiedene Aspekte akzeptiert und lediglich mit beißendem Spott kommentiert. Zu den Aspekten gehören zum Beispiel belastende dienstliche Erlebnisse genauso wie extreme Langeweile, Verwaltung und Bürokratie, aber auch die Frustration über die begrenzten Möglichkeiten, zu einer echten Gerechtigkeit beizutragen, oder die Erfahrung von wiederholten Gesetzesverstößen oder unethischem Verhalten innerhalb der eigenen Organisation.

+++ Triggerwarnung Suizid, Gewalt, Tod +++

Das Phänomen des Polizeizynismus und umfangreichster Abstumpfungen konnte ich in meiner Dienstzeit in den vielfältigsten Ausprägungen beobachten und selbst erleben und verbinde es mit so vielen Sätzen von *»Ich bin halt hier, das war's dann aber auch«*, über *»Augen zu und durch, du musst eben noch ein bisschen mehr abstumpfen«* bis zu *»Immerhin ist die Besoldung ein gutes Schweigegeld«*. Gerade diejenigen, die diese Sätze am lautesten wiederholten, schienen besonders sich selbst immer wieder an die Unabänderlichkeit der Zustände zu erinnern, obwohl sie selbst es sind, die diese aufrechterhalten.

Ich erinnere mich an einen Lehrgang, in dem wir eine Sammlung von Videos ansehen mussten, in denen Menschen bei Bahnbetriebsunfällen oder Suiziden im Bahnbereich starben. Aufnahmen aus aller Welt zeigten, wie Jugendliche beim Spielen in Oberleitungen geraten und bei lebendigem Leib verbrennen, Betrunkenen von Zügen die Beine abgetrennt werden oder wie Menschen ihrem Leben bewusst ein Ende setzen, indem sie sich vor ICEs werfen. Es kostete mich Überwindung, initiativ den Raum zu verlassen, nachdem es vollkommen selbstverständlich erschien, Menschen beim Sterben zuzusehen.

+++ Triggerwarnung Ende +++

Von einigen Kolleg:innen kannte ich zudem das Phänomen der Überanpassung. Aus meiner Sicht mussten natürliche menschliche Überzeugungen und tatsächliche Realität bei diesen Beamt:innen so sehr im Widerspruch zueinander stehen, dass sie erhebliche innerliche Konflikte auslösten. Mir schien einleuchtend, dass sie die Spannung ihrer innerlichen Zerrissenheit radikal auflösten, indem sie jede Wahrnehmung, die im Widerspruch zum Funktionieren des hierarchischen Systems und dem eigenen Beitrag dazu stand, mit aller Gewalt unterdrückten und von sich fernhielten. Es gibt diese Menschen mit übertriebenem Bedürfnis nach Bestätigung, die nach Erfolg und Macht streben und den Lärm von Stärke und Dominanz nach außen tragen, um ihr vermindertes Selbstwertgefühl zu übertönen, natürlich auch bei der Polizei. Verhaltensmuster wie diese hatten meine Kolleg:innen und ich einst versucht, gegenüber unserer Direktion in Bezug auf einen höherrangigen Kollegen zu schildern.

Zu allen Fortbildungstagen gab es immer eine Leiterstunde, ein geplantes Gespräch zwischen den Dienstgruppen und dem besagten Beamten. Diese Stunde war jedoch nicht von Empathie und Interesse geprägt, sondern endete meistens in einem Feuerwerk der Selbstbeweihräucherung und der Demütigung anderer. Bei Personalgesprächen wurden alle Maßnahmen ergriffen, um stets besser vorbereitet zu sein als die Gesprächspartner:innen, indem Themeninhalte vorher nur dem höherrangigen Beamten und der Überzahl an Gleichgesinnten bekannt waren, die zu diesen Terminen ebenfalls erschienen, um die Gedankenmuster des Chefs auf Aufforderung zu bestätigen. Oft wurde auch einfach nur mit der hierarchischen Überlegenheit argumentiert. Ein durchdringender Blick und ein Fingerzeig zu den goldenen Sternen auf der Schulter, und jede Diskussion war beendet. Kaum jemand wagte, Kritik zu üben oder seiner Erwartungshaltung zu widersprechen, um die extrem hohe Reizbarkeit dieses Menschen nicht zu provozieren, der in seinen Ausbrüchen schon mal auf Gegenstände eintrat, sodass sie durch den ganzen Raum flogen.

HANNAH Chiaras Erlebnisse vor und nach der Beschwerde sind ein bezeichnendes Beispiel dafür, welche Auswirkungen ein derart toxisches Anpassungsverhalten wie das ihres Kollegen auf ein ganzes Umfeld haben können. Wer wie Chiara eine Meinung entgegen dem herrschenden System vertritt, wird zum Hassobjekt. Diese Gegner:innen bekommen die geballte Gewalt und Willkür eines starren Systems zu spüren. Menschen wie Chiara werden dann als Andersdenkende, Königsmörder:innen und Nestbeschmutzer:innen verurteilt und an den Pranger gestellt oder wie die Menschenrechtsaktivistin und ehemalige Polizeianwärterin Marilén gänzlich aus der Organisation entfernt. Die Sirenen, die immer wieder anfangen zu schrillen, sollen ausgeschaltet werden. Solche Maßnahmen können für die Betroffenen existenzbedrohend sein und haben auf andere eine verhängnisvolle Strahlkraft. Denn sie überlegen sich ganz genau, ob sie noch aktiv werden – schließlich wurde demonstriert, was ihnen droht.

Mittlerweile glaube ich, dass Überanpassung auch eine mögliche Erklärung für die zunehmende Gewalt ist, mit der Menschen sich immer öfter begegnen und mit der auch einige Polizistinnen und Polizisten anderen Menschen und besonders auch Klimaaktivist:innen gegenübertreten. Wir sind die Sirenen der Gesellschaft, wir sind der Alarm, der immer lauter wird. Wer die Nachricht verdrängen will, muss auf die Übermittelnden mit immer stärkerer Aggression reagieren.

CHIARA Wir erbringen mit so viel Anstrengung Anpassungsleistungen, die jedoch zwangsläufig ins Leere laufen. Denn wir Menschen leiden trotz Anpassung weiter unter unmenschlichen Bedingungen – und an den Folgen der Anpassung.

Wenn wir nicht anfangen, darüber zu sprechen, ist es nur eine Frage der Zeit, wie lange jeder einzelne Mensch den Teufelskreis aus Anpassung, Überforderung, Erschöpfung und noch stärkerer Anpassung aushalten kann, bevor alles zu viel wird und in einem endgültigen Zusammenbruch endet – oder darunter Leidende diesem Teufelskreis selbst ein Ende setzen.

+++ Triggerwarnung Suizid +++

Während meiner Dienstzeit habe ich oft beobachtet, dass Sensibilität und Emotionen innerhalb der Polizei mehr als Schwäche und weniger als natürliche menschliche Eigenschaft bewertet werden. Das empfinde ich als besonders tragisch vor dem Hintergrund, dass ich leider auch unzählige Geschichten über Kolleginnen oder Kollegen erzählen kann, die sich ihr Leben nahmen – und wie im Nachhinein dann große Bestürzung und Überraschung herrschte. Man hätte diesem Menschen seine psychische Belastung gar nicht angemerkt. Hätte er doch etwas gesagt. So hätte man gar nicht helfen können. Aber ist nicht jeder einzelne dieser Fälle, bei denen sich Polizistinnen und Polizisten für einen Freitod entscheiden – oftmals mit ihrer eigenen Dienstwaffe und innerhalb von Polizeiliegenschaften –, ein verzweifelter Hilferuf, ein ohrenbetäubender Alarm? Muss nicht jeder dieser Vorfälle mit der Frage behandelt werden, was das Umfeld und speziell das polizeiliche Umfeld damit zu tun hat?

+++ Triggerwarnung Ende +++

HANNAH Ich denke, es liegt nicht zuletzt auch an der menschlichen Neigung, sich anzupassen, anstatt Probleme anzugehen, dass ein würdevolles Leben in dieser Welt bald für keinen Menschen mehr möglich sein wird – denn es führt dazu, dass die Klimakatastrophe immer bedrohlichere Dimensionen annimmt.

Mit jedem Tag, an dem die Klimakatastrophe weiter ignoriert wird, während sie weiter um sich greift und die Bedingungen auf der Erde sich immer stärker verändern, wird es jedoch wahrscheinlicher, dass Menschen und andere Lebewesen zu einer Anpassung an die veränderten Bedingungen rein physisch nicht mehr in der Lage sein werden. Selbst die Anpassung an kleine Umweltveränderungen nimmt in der Natur mehrere Generationen in Anspruch. Keine Technologie wird das kompensieren können.

Bereits heute sterben auch in Europa immer mehr Menschen infolge von Extremhitze – in den vergangenen 20 Jahren stieg die Zahl der Todesfälle in Europa aufgrund von Hitze um rund 30 Prozent.[60] Der Mensch wird sich nicht daran anpassen können, wenn die globale Durchschnittstemperatur weiter um mehrere Grad steigt, wenn Extremwetterereignisse zunehmen und innerhalb kürzester Zeit unsere Lebensgrundlagen zerstört werden.

Es ist aus meiner Sicht unsere Anpassung an schädliche Systeme, die all die gefährlichen Veränderungen in der Welt bedingt. Indem wir uns selbst verbiegen und anpassen, blockieren wir unser eigenes Handeln für die Veränderungen am System, die es für unser zukünftiges Überleben tatsächlich bräuchte.

Konformismus

CHIARA Es gibt einen entscheidenden Faktor, der bestimmt, ob Menschen sich an Systeme anpassen oder Widerstand leisten. Die Frage, warum Menschen dazu neigen, Autoritäten und deren Regeln und Befehlen zu folgen, beschäftigte die Wissenschaft insbesondere auch nach den Gräueltaten des Nationalsozialismus des vergangenen Jahrhunderts. Psychologen wie Stanley Milgram (1933–1984) und Philip Zimbardo (geb. 1933) führten Untersuchungen zur menschlichen Gehorsamsbereitschaft und zur Auswirkung von Hierarchien durch, die diese Frage beantworten sollten.

Stanley Milgram ließ Proband:innen in einer Versuchsreihe zwischen 1961 und 1963 anderen Teilnehmenden elektrische Schocks verabreichen, sobald diese ein vorher festgelegtes fehlerhaftes Verhalten zeigten. Im Ergebnis galt als bewiesen, dass Menschen grundsätzlich dazu bereit sind, autoritäre Anweisungen zu befolgen, selbst wenn diese im Widerspruch zu ihren eigenen Wertvorstellungen stehen oder sogar unethisch sind – die Proband:innen versetzten den Teilnehmenden auch dann noch elektrische Schocks, wenn diese sich schon vor Schmerz krümmten. Forschungsergebnisse wie diese sorgten dafür, dass in diesem Zusammenhang das Bild eines Menschen dominierte, der dem blinden Gehorsam verfallen und aufgrund mangelnder eigener Moral dazu bereit ist, selbst tyrannische Grausamkeiten zu unterstützen.

Ich wurde als Polizistin einige Male mit dem Vorwurf konfrontiert, ich würde wider besseres Wissen blind gehorchen, mich anpassen, obwohl ich um die tragischen Folgen wüsste. Das machte mich lange traurig, fühlte ich mich doch wie ein bedeutender Teil von etwas sehr wichtigem und großem Ganzen. Ich war stolz auf meine Uniform, auf die Sterne auf meiner Schulter und darauf, als Polizistin zu denjenigen zu gehören, die unsere gesellschaftliche Ordnung schützen. Ich hatte nicht das Gefühl, blind zu gehorchen, und heute weiß ich, dass die Einschätzung von Psychologen wie Milgram zu kurz gegriffen ist. Überzeugt hat mich in dieser Einschätzung vor kurzem Rutger Bregman. In seinem Buch *Im Grunde gut* zeigt er, dass das Bild eines blind gehorchenden Menschen grundlegend falsch ist.

HANNAH Rutger Bregman beschreibt in seinem Buch, dass es nicht der blinde Gehorsam wider besseres Wissen ist, der Menschen zu einem zweifelhaften und schädlichen Verhalten entgegen ihres inneren Widerstandes antreibt, sondern ihr gutherziger Wille, Teil einer Gemeinschaft und eines guten Projektes zu sein, für dessen Realisierung sie sich selbst und ihre Bedürfnisse bereitwillig unterordnen. Menschen kooperieren. Anhand etlicher Beispiele wird aufgezeigt, dass das Bild eines von Grund auf bösen und tyrannischen Menschen das Ergebnis von Täuschungen ist, die nichts mit der Realität zu tun haben. Milgram und Zimbardo stellten die Forschungsergebnisse ihrer Untersuchungen zum menschlichen Gehorsam in falsche Kontexte oder manipulierten sie anderweitig. Die Proband:innen von Milgrams Elektroschockstudie beispielsweise versetzten anderen Menschen nicht aus einer einfachen Anweisung heraus schmerzhafte Elektroschocks, sondern weigerten sich sogar und machten erst weiter, nachdem Forschungsleitende ihnen erklärt hatten, der Erfolg der Studie und damit das Fortschreiten der Wissenschaft hinge von ihrem Mitwirken ab. An dieser Stelle unseres Buches überrascht möglicherweise nicht mehr, warum Forschungsergebnisse derart manipuliert wurden: Das positive Bild eines friedliebenden, kooperativen und grundguten Menschen ließ sich nicht verkaufen. Mit reißerischen Schlagzeilen zu grundbösen Tyrannen ließ sich mehr Aufmerksamkeit und Geld verdienen.

CHIARA Das Narrativ, Menschen seien von Natur aus böse, ist in meinem näheren privaten und dienstlichen Umfeld so verbreitet, dass es den Konformismus sicher zusätzlich fördert und so das System unterstützt. Es ist für mich einleuchtend, warum Menschen, die sich und anderen von Grund auf misstrauen, Antrieb und Selbstbewusstsein fehlen, um Dinge eigenverantwortlich in die Hand zu nehmen. Menschen, die von sich selbst und anderen annehmen, von Grund auf böse zu sein, und fürchten, die Gesellschaft würde ohne Herrschaft in wildes Chaos und Gewalt verfallen, lassen sich einfacher von der Notwendigkeit institutioneller Führung überzeugen als von einem positiven Menschenbild ausgehende Menschen.

Glauben Menschen daran, dass Systeme besser wüssten, was gut und menschlich ist, als sie selbst, nimmt ihre kritische Haltung gegenüber diesen Systemen immer mehr ab. Sie zeigen sich zunehmend ihnen gegenüber neutral oder werden wie Polizistinnen und Polizisten dazu verpflichtet.

HANNAH Wie viele andere Lebewesen neigen Menschen zwar von Natur aus dazu, bestimmten Individuen einer Gruppe die Aufgabe der Führung zu übertragen und sich an die Strukturen, die diese schaffen, anzupassen. Neuere Forschungen zeigen, dass normalerweise jedoch immer auch gemeinschaftliche Prozesse wirken, die die Entstehung von problematischen Machtstrukturen innerhalb von Gruppen verhindern sollen. Menschliche Gemeinschaften machten in früheren Zeiten diejenigen zu Führungspersonen, die sich durch Empathie und Verantwortungsbewusstsein auszeichneten. Das heißt, sie zeigten sich konform mit den Führungspersonen und deren Regeln, die sie für moralisch, für legitim hielten. Falls das nicht mehr zutraf, wurden Führungspersonen und Machtstrukturen abgesetzt. Wie Bregman beschreibt, war genau dieser Mechanismus ein wichtiger Treiber des Fortschritts in der menschlichen Geschichte. Ein tragischer Wendepunkt wurde erreicht, als kurz nach der Sesshaftwerdung des Menschen – also zu einer Zeit, in der sich auch der Eigentumsgedanke maßgeblich ausbildete – dieser Mechanismus nicht mehr funktionierte. Es wurden Machtstrukturen und -positionen entwickelt, die keiner Flexibilität mehr unterlagen, sondern über einen längeren Zeitraum und unabhängig von der Meinung der Gemeinschaft erstarrten – als die Macht sich aus der Macht heraus begründete und nicht mehr aus dem Vertrauen der Gemeinschaft. Sprich: als Machtstrukturen institutionalisiert wurden, weil Machthabende erkannten, dass sie durch den Einsatz von Gewalt oder Propaganda ihre Macht verfestigen konnten.

CHIARA Je mehr Ungerechtigkeiten sichtbar werden, je weniger etwas moralisch legitim wirkt, desto wahrscheinlicher wird es trotzdem, dass dieses Bewusstsein eine kritische

Masse erreicht und diese sich nicht länger anpasst, sondern sich gegen die benachteiligenden Verhältnisse zur Wehr setzt. Machthabende eines tatsächlich ungerechten Systems müssen für dessen Aufrechterhaltung sehr tief in die Kostümkiste greifen, um es gerecht zu verkleiden. Anders ausgedrückt: Es braucht Propaganda. Machthabende müssen Menschen immer wieder suggerieren, alles sei unter Kontrolle und in bester Ordnung, und das Beste, was Menschen tun könnten, ist, weiterhin ihren Teil zum reibungslosen Ablauf des Systems beizutragen.

Einem drohenden Aufbegehren der Gesellschaft gegen Ungerechtigkeiten wird vorgebeugt, indem man Legitimität und Wichtigkeit der herrschenden Ordnung bewirbt – und so dafür sorgt, dass sich Menschen freiwillig anpassen.

Wir können in unserem Alltag viele Beispiele dafür finden.

RWE – nach wie vor einer der größten CO_2-Emittenten Europas[61] – suggeriert seit Jahren in großangelegten Werbekampagnen, der Wegbereiter der Energiewende zu sein,[62] und auch die Bundespolizei gibt ihr Bestes, dem eigenen Image mit einer umfangreichen PR-Strategie nachzuhelfen. »*A.C.A.B. – All Cops Are Beautiful*«, prangte es 2023 auf einem riesigen Werbeplakat am Alexanderplatz in Berlin. Models mit wallender Mähne und lässigen Posen hielten mit ernstem Blick ihre Pistolenholster in die Kamera, vor ihnen ein wachsamer Diensthund. »*Du schützt nicht nur Dein Land. Du schützt die Menschen*«, erklärt Hilal, 24 Jahre alt auf der Karriere-Website der Bundespolizei ihre Aufgabe des Grenzschutzes, und ich glaube ihr, wie vielen anderen und letztlich mir selbst, dass sie das ernst meint.

HANNAH Remigration. Rückführungsverbesserungsgesetz. Asylbeschleunigungsgesetz. Gesellschaftliche Ordnung. Soziale Marktwirtschaft. Deutsche Polizist:innen, die Menschen nach Afghanistan deportieren, werden »Personenbegleiter:innen« genannt.

Euphemismen wie diese werden immer wieder verwendet, um unangenehme oder problematische Konzepte zu verschleiern oder zu beschönigen und dadurch bei den Menschen Konformismus zu erzeugen. Freund und Helfer. Es scheint, je offensichtlicher die Fragwürdigkeit von etwas ist, desto offensiver muss es sich in Euphemismen kleiden. Auch der Euphemismus »Klimawandel« – unter anderem verbreitet durch die Öllobby – suggeriert eine harmlose und normale klimatische Veränderung und täuscht über die Katastrophe hinweg, der wir tatsächlich gegenüberstehen. Das sind nur einige Beispiele für beschönigende Begriffe, die die Ungerechtigkeiten unseres Systems verstecken.

Falsche Feindbilder

HANNAH Wenn die Probleme, die das System produziert, dennoch immer ersichtlicher werden, gibt es noch einen weiteren Trick, um tiefgreifende Systemkritik abzuwehren und stattdessen einfache Erklärungen für komplexe Probleme abzuliefern. Über ihre Plattformen richten Machthabende wie Politiker:innen und Superreiche, die – wie in Kapitel 5 erläutert – in den Medien überrepräsentiert sind, den symbolischen Zeigefinger auf ausgewählte Sündenböcke. So lenken sie die Aufmerksamkeit von sich und den wahren Ursachen ab und benennen Probleme dort, wo sie tatsächlich nicht liegen.

Ich kann nachvollziehen, dass sie damit in einer gebeutelten und überforderten Gesellschaft Erfolg haben, sogar auf offene Ohren stoßen. Ich kann nachempfinden, wenn es sich für viele Menschen erleichternd anfühlt, das Problem für ihre Unzufriedenheit in einfachen Erklärungen zu finden. Das heißt nicht, dass ich das richtig finde!

Als Feindbilder herhalten müssen diejenigen, die in der Gesellschaft sowieso schon schlechter gestellt sind, die, die sich am wenigsten dagegen wehren können. Heute sind das vor allem Menschen mit Migrationshintergrund und Geflüchtete, die nicht nur als Grund für Probleme dargestellt werden, als Last, als Plage, sondern als Gefahr. Ich glaube, dass die Verbreitung falscher Feindbilder deshalb so erfolgreich ist, weil sie damit eine tiefliegende menschliche Emotion besonders ansprechen und hervorrufen: Angst.

Falsche Feindbilder entwickeln, einmal ins Rollen gebracht, eine schwer aufzuhaltende Dynamik im öffentlichen Diskurs. Häufig beginnt es in Zeitungen und Fernsehtalkshows, wo Wörter wie »Flüchtlingswelle« und »Sozialschmarotzertum« in den Raum gestellt werden – Dysphemismen, die absichtlich eine negative und herabsetzende Bewertung beinhalten, jedoch kaum einer sachlichen Argumentation standhalten könnten. Diese bleibt jedoch meist aus, während die falschen Feindbilder sich, einmal in der Welt, verselbstständigen, indem sie von überzeugten Menschen weitererzählt oder über soziale Medien oder andere niedrigschwellige Formate verbreitet werden. So wird mit falschen Feindbildern schnell diejenige kritische Masse an Menschen erreicht, die den tatsächlich Schuldigen und den Problemen im System nicht auf die Schliche kommen soll.

Ich kann nicht mehr zählen, wie oft ich bei Protestaktionen dazu aufgefordert wurde, doch erst einmal etwas gegen »die ganzen Flüchtlinge« zu machen, bevor ich mich um das

Klima kümmere. Sie wären schließlich das Problem. Häufig habe ich auch zu hören bekommen, dass Menschen die Schuld für ökologische Krisen nicht im komplexen wirtschaftlichen System, sondern bei benachteiligten Gruppen wie bei Geflüchteten suchten. »Die kriegen so viele Kinder, das muss man erst mal beenden«, heißt es dann, »wir sind einfach zu viele Menschen auf der Welt!« Mir macht es Angst, darüber nachzudenken, wohin diese Denkweise führt. Während solche Menschen selbst falsche Feindbilder in die Welt tragen, scheint ihnen nicht bewusst zu sein, dass die vom System Profitierenden währenddessen weiter das antreiben, was uns tatsächlich Angst machen sollte.

CHIARA Es ist bemerkenswert, dass ausgerechnet die Polizeiliche Kriminalstatistik (PKS) dazu beitragen kann, falsche Feindbilder zu untermauern. Die PKS liefert jedes Jahr Zahlen und Fakten über die Entwicklung der Kriminalität in Deutschland. Sie vermittelt der Bevölkerung damit auch einen Eindruck von der Sicherheitslage hierzulande. Die PKS ist eine Ausgangsstatistik der Polizei – es hat also noch kein Gericht zum Beispiel ein Urteil über die Einstellung von Verfahren aufgrund von Schuldausschließungs- oder Rechtfertigungsgründen gefällt, wie es bei Geflüchteten oft der Fall ist. Geflüchtete sind im Sinne der PKS erst einmal Straftäter:innen. Unerlaubt Eingereiste, unerlaubt Aufhältige und mitunter wie einige Familienväter Schleuser:innen.

Es macht mich betroffen, dass falsche Feindbilder zusätzlich dadurch geschürt werden, dass ein eigentlich so legitimes Verhalten als gesetzeswidrig bewertet wird und von mir in der Vergangenheit deshalb schon so oft angezeigt werden musste. Diese Bewertung widerspricht der Lebensrealität geflüchteter Menschen. Es wird eine unzutreffende Bedrohungslage heraufbeschworen, die noch einmal verschärft wird, wenn andere Menschen sie mit persönlichen Eindrücken anreichern (»Man muss doch nur mal in den Park schauen, da hängen sie doch immer rum!«) und so einen falschen Kontext herstellen. Menschen, die bei der Suche nach einer Existenz mit einem einzigen Grenzübertritt auf dem Papier gleich mehrere Straftaten begehen, werden in der Öffentlichkeit implizit mit Vergewaltigern und Gewaltbereiten gleichgesetzt oder explizit zu solchen erklärt, die den »normalen Menschen« in Parks und öffentlichen Verkehrsmitteln auflauern würden. Sie seien »kriminell«, und das bedeute wiederum, sie seien »gefährlich«.

»Ich bin selbst seit Jahrzehnten Bundespolizistin. [...] Wenn Menschen zu uns kommen und Asyl beantragen und ein Richter nach Prüfung aller Fakten zu dem Schluss kommt, dass der Antragsteller kein Recht hat, hier zu leben, dann versteht niemand, dass solche Menschen einfach hierbleiben dürfen. [...] Allein die öffentlichen Verkehrsmittel nutzen zu können, ohne ängstliche Blicke nach links und rechts werfen zu müssen, gehört zum Beispiel zu den Alltagsproblemen, die viele, insbesondere ältere Menschen und auch Frauen, belasten. Hier für Verbesserungen zu sorgen, sollte uns grundsätzlich hundertmal wichtiger sein, als darüber nachzudenken, ob wir ein Gendersternchen setzen.«[63] So lauteten Claudia Pechsteins Worte, als sie 2023 eine Rede auf einer CDU-Veranstaltung hielt. Ich denke, dass Geflüchtete selbst grundsätzlich niemanden gefährden, sondern vor allem durch die Erzeugung falscher Feindbilder wie diesem zunehmend selbst gefährdet sind – und Angst haben müssen vor der Ablehnung durch die Mehrheitsgesellschaft, vor Anfeindung und gewalttätigen Angriffen. Das behördliche Disziplinarverfahren gegen Claudia Pechstein, welches gegen sie eingeleitet wurde, weil sie ihre Rede in Polizeiuniform gekleidet hielt, wurde gegen die Zahlung einer Geldbuße in Höhe von 500 Euro eingestellt. In meinem Disziplinarverfahren gab es bis zur Fertigstellung dieses Buches übrigens noch keine Entscheidung.

HANNAH Die Gleichsetzung von »Kriminalität« und »Gefährlichkeit« ist besonders absurd, wenn man sich vor Augen führt, wie fragwürdig die Definition von Kriminalität in diesem Zusammenhang ist. Denn interessant ist nicht nur, wer in der PKS auftaucht, sondern auch, wer in der PKS nicht auftaucht. Polizist:innen, die bei Polizeigewalt aus verschiedenen Gründen nicht angezeigt werden. Großunternehmen, die für die Ausbeutung von Menschen immer wieder das nächste rechtliche Schlupfloch finden. Cum-Ex-Skandal, Sommermärchen-Skandal, Diesel-Skandal. Nur ein Bruchteil des Gesamtausmaßes der Kriminalität dieser einflussreichen Menschen, die die Gemeinschaft in großem Stil täuschten und sich an ihr bereicherten, wird von der Polizeilichen Kriminalstatistik erfasst. Es scheint, als würden die großen systemischen Ungerechtigkeiten, die erheblichen Schaden für zahlreiche Menschen verursachen, bei der Definition von Kriminalität unberücksichtigt bleiben, während das regelwidrige Verhalten Benachteiligter überbetont wird.

Kriminalität entsteht in unserem Werteverständnis aktuell dort, wo Menschen gegen die profitorientierten Regeln verstoßen. Kriminell ist, wer sich seine Grundbedürfnisse erfüllt oder daran erkrankt, dass sie nicht erfüllt werden. Legitim ist, Mensch und Umwelt auszubeuten. Wirtschaftskriminelle werden nicht wie Geflüchtete oder Klimaaktivist:innen von einer bewaffneten Polizei verfolgt, sondern durch unterbesetzte und mittellose Steuer- und Finanzermittler:innen. Das ist absurd.

CHIARA Das Erzeugen von Angst hat aus meiner Sicht zur Folge, dass eine weitere tiefliegende menschliche Emotion in der Bevölkerung angesprochen wird. Als Folge falscher Feindbilder artikuliert die Bevölkerung ihre Wut dann gegen die vermeintliche Quelle der Angst, es resultiert in einem kollektiven Gefühl von »Wir« gegen »Die«. »Man« müsste etwas tun, um »uns« vor »denen« zu schützen. Nun sind viele Menschen offen und gar dankbar für die Vorschläge der Verursacher:innen der Angst, die inkohärente Lösungen anbieten, um die vermeintliche Quelle der Angst zum Versiegen zu bringen. Der häufigste dieser Lösungsvorschläge lautet: mehr Gefahrenabwehr, mehr Kontrolle – mehr Polizei für mehr Sicherheit. Mehr systematische staatliche Verfolgung und Bekämpfung zuvor konstruierter Feindbilder, deren Ergebnis sich wiederum in der PKS widerspiegeln wird. Aber tatsächlich bedeutet das: mehr Gewalt für mehr Probleme.

HANNAH Aber Gewalt ist keine Lösung, sie führt zu mehr Problemen und mehr Gewalt. Ein Teufelskreis.

Bereits in ihren Entstehungszeiten wurde die Polizei in Abhängigkeit davon erweitert, welches Verhalten die herrschende Klasse kriminalisierte und als strafbares Verhalten definierte. Es handelte sich dabei grundsätzlich um Verhalten, welches hauptsächlich durch Menschen der armen Bevölkerungsschichten ausgeübt wurde und das vor der Einführung der Polizei oftmals noch legal und akzeptiert war. Beispiele sind Landstreicherei oder Glücksspiel. Eine zunehmende Kriminalität, wie sie durch die PKS jährlich vermittelt wird, ist auch heute oft nicht die Ursache, sondern die Folge des Ausbaus der Polizei.

Konkret kann man das an stetig neuen Aufgabenzuweisungen und Befugnisnormen für die Polizeien von Bund

und Ländern beobachten, die Überwachung, Diskriminierung und Kontrolle zunehmend legalisieren und normalisieren und ein einst ungeahntes Ausmaß an Eingriffen in Grundrechte zulassen. Wir werden gleich noch darauf eingehen, wie der Ausbau der Sicherheitsbehörden auf eine weitere Weise systemstabilisierend funktioniert – indem er gegen politische Gegner:innen eingesetzt wird.

CHIARA Nach dem Ende des Zweiten Weltkriegs durfte die Bundesrepublik Deutschland keine Streitkräfte unterhalten, 1951 aber eine militärisch ausgerüstete Bundesgrenzschutztruppe aufstellen. Aus dieser ehemaligen Bundesgrenzschutztruppe entstand über die vergangenen Jahrzehnte die 2005 als solche umbenannte und mittlerweile 50 000 Personen starke Bundespolizei, der seither zunehmend Aufgaben zugewiesen und deren Befugnisse stetig erweitert werden.

Im April 2024 beriet der Bundestag über einen Entwurf des Bundeskabinetts zur Reform des Bundespolizeigesetzes, der umfassende Befugniserweiterungen bei der Datenabfrage, bei der Ausstellung von Meldeauflagen bei der Bundespolizei und der Telekommunikationsüberwachung enthält.[64] Erst 2021 hatte der Bundestag den Gesetzentwurf »zur Modernisierung der Rechtsgrundlagen der Bundespolizei« angenommen, der zahlreiche neue Befugnisse wie für die Abschiebehaftbeantragung von Ausländer:innen beschließt.[65] Auch viele Bundesländer wie Bayern und Nordrhein-Westfalen verabschiedeten trotz starker Kritik neue Polizeigesetze.[66]

HANNAH Je gefährlicher die Krisen des Systems werden, desto stärker werden falsche Feindbilder erschaffen. Während Benachteiligte oft als falsche Feindbilder herhalten müssen, wird die Aufmerksamkeit von den eigentlichen Ursachen sozialer Probleme abgelenkt. Mit dieser Strategie wehren die Machthabenden einen eigentlich drohenden Legitimationsverlust ab und sorgen stattdessen für Zustimmung zu immer neuen Erweiterungen der Polizei. Wer nun aber die Ursachen angehen, wer dieses schädliche System verändern oder daraus aussteigen, wer Lebensgrundlagen retten, Gemeinwohl fördern, Demokratie stärken und den Verfassungsbruch verhindern will – der bekommt es erst recht mit der Staatsgewalt zu tun.

Das Polizei-Paradox

CHIARA Der Kapitalismus hat ebenso wie jede andere Wirtschaftsordnung keinen Verfassungsrang. Die Wirtschaftsordnung der Gesellschaft zu ändern, steht grundsätzlich nicht im Widerspruch zur Verfassung. Das Bundesverfassungsgericht hat bereits 1954 festgelegt, dass das Grundgesetz die soziale Marktwirtschaft nicht garantiert, es spricht von einer »wirtschaftspolitischen Neutralität«[67] des Grundgesetzes. Trotzdem scheint es, als könnten wir – die Bürgerinnen und Bürger – über einen Ausstieg aus dem Kapitalismus oder die Wirtschaftsordnung insgesamt nicht flexibel bestimmen. Eine wirtschaftspolitische Neutralität der Regierungs- und Gesetzgebungsgewalt garantiert das Grundgesetz nämlich nicht, und mit Blick auf die letzten Kapitel und die Erkenntnis, welchen Einfluss die wirtschaftlich Profitierenden auf die politischen Entscheidungsträger:innen haben, wird klar, warum sich ein solcher Vorschlag in keinem großen Parteiprogramm findet. Es gibt keine Partei, die sich zu diesem Vorschlag durchringen kann. Man kann den Kapitalismus nicht einfach abwählen.

HANNAH Es ist absurd, dass die Bevölkerung nicht über ihre eigene Wirtschaftsordnung entscheiden kann. Selbst bei Eingriffen in das Eigentumsrecht, die eine breite Mehrheit gutheißen würde, scheint es bei der Bürger:innenbeteiligung unüberwindbare Hürden zu geben. Eine Volksabstimmung zur Enteignung des Wohnungskonzerns DW, Inhaber von hunderttausend Wohnungen und Verursacher regelmäßiger Mietsteigerungen, und zur Umwandlung der Immobilien in gemeinschaftliches Gut führte 2021 in Berlin dazu, dass das Ergebnis der Volksabstimmung durch die Bürgermeisterin nicht angenommen wurde.[68] Zuvor hatte eine deutliche Mehrheit für die Enteignung gestimmt, die zum Wohl der Allgemeinheit verfassungsrechtlich zulässig ist.

Welche Möglichkeiten haben Menschen, sich unmittelbar für drastische Veränderungen der Lebensbedingungen einzusetzen, wenn der Staat derartige Anstrengungen unternimmt, das Eigentum von wenigen statt das Wohl aller zu schützen?

Im April 2022 habe ich mit großem Interesse einen Prozess am Arbeitsgericht Berlin verfolgt. »Unsere Löhne wurden gestohlen. Wir waren ständig unterbesetzt. Wir wurden zu irrsinnigen und illegalen Schichten eingeteilt, die gegen die Arbeitszeit-Regelung verstoßen.« Diese Bedingungen hätte Duygu Kaya dem Richter gerne geschildert, ebenso wie die insgesamt schwierigen Bedingungen auf dem Arbeitsmarkt für Menschen mit Migrationshintergrund. Der Richter ließ Kayas Erklärung jedoch nicht zu, ich habe sie erst später in der Zeitung gelesen. »Das ist hier keine politische Bühne«, sagte er im Gerichtssaal.

2021 hatten Kaya und zwei andere Fahrer des Berliner Fahrradkuriers Gorillas eigeninitiativ die Arbeit niedergelegt und waren in einen Streik getreten, um bessere Arbeitsbedingungen zu erkämpfen, und wurden daraufhin von ihrem Arbeitgeber gekündigt. Vor Gericht wurden diese Kündigungen, ohne Kayas Erklärungen anzuhören, bestätigt, denn in Deutschland sind Streiks nur zulässig, wenn sie von einer Gewerkschaft organisiert werden und etwas ganz Bestimmtes fordern: Geld. Spontane Arbeitsniederlegungen wie die der Fahrradkurierfahrer:innen aus Berlin ohne den Aufruf einer Gewerkschaft oder Streiks für ein politisches Anliegen gelten in Deutschland nicht als legal. Sie werden als »wilde Streiks« bezeichnet, ein weiterer Dysphemismus.

Im April 2023 wurde das Urteil des Arbeitsgerichts auch in zweiter Instanz bestätigt. Der Anwalt der Kurierfahrer:innen hatte vorher noch erklärt, das heutige Streikrecht sei im Nationalsozialismus entstanden, es habe dazu gedient, die Arbeiter:innen zu kontrollieren. Aber es half nichts.[69]

Ich finde das bemerkenswert, denn so wird per Gesetz verhindert, dass Lohnabhängige ihre kleine Macht – dass nicht nur sie von ihrem Lohn, sondern die Unternehmen auch von ihrer Arbeit abhängig sind – strategisch einsetzen können. Sie können zwar durch das Erstreiten von Geld den Grad ihrer Ausnutzung beeinflussen, ihre Macht aber nicht dafür einsetzen, die systematischen Bedingungen insgesamt zu ändern.

Vor diesen Hintergründen sehe ich auch die steigenden Zahlen zu psychischen Erkrankungen in einem ganz anderen Licht. Eine Krankschreibung oder auch eine Arbeitslosigkeit sind Wege, mindestens temporär und legal aus den Bedingungen des alltäglichen Hamsterrades auszusteigen. Im Oktober 2016 nutzten Beschäftigte der Fluggesellschaft Tuifly dieses Mittel auch für einen wilden Streik. 90 Prozent des Cockpitpersonals und über 60 Prozent des Kabinenpersonals haben sich krankgemeldet, nachdem die Airline überraschend Umstrukturierungspläne bekannt gegeben hatte.[70]

CHIARA Polizist:innen selbst dürfen übrigens überhaupt nicht streiken, weder gegen ihre Arbeitsbedingungen noch für mehr Geld.

Wie kann man sich sonst noch gegen ein System zur Wehr setzen, welches Menschen zu Unrecht benachteiligt und Lebensgrundlagen bedroht? Was wäre, wenn Menschen ihre Freiheit nicht lediglich in der Entscheidungsfreiheit, wo sie ihr Geld verdienen können, sehen würden? Wenn sich Menschen ihre elementarsten Bedürfnisse einfach selbst und unmittelbar erfüllten, sich an Nahrung und Wohnraum bedienten? Sie bekämen es mit der Polizei zu tun. Sozial Benachteiligte werden zu Dieb:innen und Leistungserschleicher:innen, wenn sie sich ihre Bedürfnisse nach Nahrung und Mobilität nicht anders erfüllen können. Auch wer Lebensmittel aus den Containern der Supermärkte oder aus der Natur nimmt, begeht juristisch gesehen einen Diebstahl. Im Jahr 2019 wurden zwei Student:innen zu einer Geldstrafe verurteilt, weil sie Lebensmittel aus einer Supermarktmülltonne genommen hatten. Auch in der zweiten Instanz wurde das Urteil bestätigt: Selbst der Müll gilt als Eigentum der Supermärkte, das Containern folglich als Diebstahl.[71]

HANNAH Wer wie in Lützerath verlassene Häuser oder wegen finanzieller Spekulationen leer stehende Häuser bezieht und einfach dort lebt, weil es sonst keine:r tut, wer in den verlassenen Gärten dieser Häuser Gemüse für den Eigenbedarf anbaut, wird als Hausfriedensbrecher:in und Vandalist:in betrachtet. Am Ende des Tages ist die Nachricht unmissverständlich: Ich verhalte mich illegal, ich bin nicht geduldet. Wo würden wir denn hinkommen, wenn plötzlich alle so zusammenlebten? Wenn Menschen einfach anfingen zu leben, hier und heute?

Und was wäre erst, wenn sich Menschen der kapitalistischen Ausbeutung und den Gefahren für die Umwelt selbst in den Weg stellten, wenn es sonst keiner tut? Wenn sie dort protestierten, wo die Ungerechtigkeit am größten ist?

Die Polizei schützt diejenigen, die sich mit dem Erwerb von Eigentum auch das Recht auf die Zerstörung und die Beraubung der Natur erkauft haben. Es sind auch Firmen wie RWE und Tesla, vor deren Maschinen und Gebäuden sie sich aufstellen, deren Grund und Boden die Polizei vor denjenigen schützt, die das Wohl aller Lebewesen bewahren und Wälder und Trinkwasser retten wollen. Menschen, die sich dem Gemeinwohl verpflichtet haben. Die Ursache dafür, dass diese lebensbedrohlichen Zerstörungen überhaupt möglich sind, ist für mich eng mit der ursprünglichsten Aufgabe der Polizei verbunden. Der Staat schützt durch die Polizei das Recht auf Eigentum und Profite von privaten Unternehmen, selbst wenn diese Lebensgrundlagen zerstören oder Menschenrechte gefährdet werden.

Gaspipelines abzudrehen, Wälder zu besetzen oder sich mit etwas Klebstoff auf Asphalt zu kleben und dabei andere zu einem Stehenbleiben oder Umweg zu nötigen, das erfüllt zwar strafrechtliche Tatbestände, entbehrt aber wohl jeder objektiven Begründung einer Gefährdung der Bevölkerung. Im Gegenteil – es ist das, was es jetzt braucht, um eine notwendige Kehrtwende einzuleiten, das, was jetzt darauf aufmerksam machen soll, dass wirkungsvolle Maßnahmen beschlossen werden müssen, um die drohenden Gefahren für unsere Gesellschaft langfristig abzuwehren.

CHIARA Nicht nur die *BILD*-Zeitung, Deutschlands meistverkaufte überregionale Tageszeitung, kommt hier regelmäßig zu einer anderen Bewertung, wenn sie selbst die Dialogveranstaltungen der *Letzten Generation* als Unterwanderung der Polizei bezeichnet. Sondern sogar Lobbyist:innen oder Vertreter:innen der Polizei schüren Angst vor Aktivist:innen und Protestierenden. Es entbehrt jeder Grundlage, wenn eine Gruppe, die sich dem gewaltfreien Protest verpflichtet hat und kein Ereignis etwas Gegenteiliges beweist, von der Polizei als gewalttätig und aggressiv dargestellt wird.

Die Bundespolizei bewirbt jedes Jahr die »Panther-Challenge«, das angeblich härteste Schülerpraktikum Deutschlands. Bundesweit können Jugendliche an Standorten von Einsatzhundertschaften in die Rollen von Bundespolizist:innen schlüpfen. 2023 veröffentlichte die Bundespolizeiabteilung Bad Bergzabern ein Video ihrer Panther-Challenge, in dem Jugendliche mit Helm ausgestattet vor Wasserwerfern marschieren und sich dann auf eine Gruppe Protestierende stürzen, die als gewalttätig und aggressiv dargestellt werden. Auf ihren Schildern steht *»Mensch und Umwelt vor Profit«*, die Farbe ihrer Bengalos ist orange, so wie die Farbe der *Letzten Generation*.[72]

Auch dieses Narrativ wird weitergetragen und manifestiert sich in Ablehnung oder gar Hass und Gewalt, wenn Menschen ihren heruntergeschluckten Frust auf Klimaaktivist:innen projizieren und – wie geschehen – Autofahrer:innen Aktivist:innen an den Haaren von der Straße zerren, ein Fahrer einen Protestierenden mit seinem Lastwagen anfährt oder Passant:innen auf die Aktivist:innen einprügeln.

HANNAH Indem Klimaaktivist:innen kriminalisiert werden, wird der rechtliche und personelle Zuwachs der Polizei als immer notwendiger angesehen, um die Bevölkerung vor »Kriminellen« wie mir zu schützen. Ich höre, wie Menschen sich nach der »starken Hand des Staates« sehnen, nach einem »harten Durchgreifen«, ich sehe, wie Tesla mit seiner Werkserweiterung noch mehr Wald und Wasserschutzgebiet vernichtet und wie die Polizei mit immer noch mehr Macht ausgestattet wird, um das zu ermöglichen.

Die Befugnisse der Polizei werden zunehmend gegen politische Kritiker:innen eingesetzt. Beispiele sind die Präventivhaft in Bayern gegen Protestierende der *Letzten Generation* oder die Überwachung ihres Pressetelefons 2023, die erst aufgrund des konstruierten Verdachts der Bildung einer Kriminellen Vereinigung im Sinne des § 129 StGB möglich war – Maßnahmen, die eigentlich der Terrorismusabwehr oder der Bekämpfung mafiöser Strukturen dienen. Statistische Auswertungen zeigen, dass seit 2019 in Nordrhein-Westfalen in Langzeitgewahrsam genommene Menschen zu einem Drittel Klimaaktivist:innen waren. Die Begründung 2018 für die umstrittene Einführung dieser Befugnis auch hier: internationaler Terrorismus.[73] Chiara und ich führen oft Gespräche darüber, wie so etwas passieren kann. Bei mir schleicht sich ehrlich gesagt ziemlich aufdringlich der Eindruck ein, dass diese Befugnisse von vornherein dafür gedacht und gemacht sind, politisch unliebsame Meinungen zu unterdrücken und andere Begründungen wie die Bekämpfung von (falschen) Feindbildern oder die Terrorismusabwehr nur den legitimen Schein wahren. Chiara vermutet, dass Befugnisse, die eigentlich anderen Zwecken dienen, missbräuchlich gegen Klimaaktivist:innen und andere Systemkritiker:innen angewandt werden.

In Zeiten, in denen das Versagen des Systems immer deutlicher wird, wird die Polizei jedenfalls aufgerüstet, verhindert überfällige Veränderungen und schützt ein längst nicht mehr zeitgemäßes System. Ein ungerechtes und gefährliches System wird durch die Staatsmacht aufrechterhalten – notfalls mit Gewalt.

Initiativen wie die Klimagruppe *Ende Gelände* werden gar vom Verfassungsschutz beobachtet, weil sie sich kapitalismuskritisch äußern. Im Jahresbericht des Berliner Verfassungsschutzes hieß es 2020: »Der Zusammenschluss stellt sich nach außen als Klimaschutz-Akteur dar. Dabei wird verschleiert, dass die tatsächlichen Ziele darüber hinausreichen.« Zur Erklärung hieß es dann: »Sie nutzen den Protest und das sich in diesem Rahmen manifestierende Unzufriedenheitspotenzial, um die Situation verbal zu einer ›Systemkrise‹ zuzuspitzen.«[74]

»Wer den Kapitalismus abschaffen will, handelt gegen die Verfassung«, soll bereits ein ehemaliger Bundeskanzler gesagt haben.

Es gilt als akzeptabel, die Klimakatastrophe als Problem zu identifizieren und sie lösen zu wollen. Sucht man dann aufrichtig nach Ursache und Lösung, wird man jedoch zum Verfassungsfeind erklärt? In jedem Fall bin ich keine Verfassungsfeindin. Es ist nicht einmal erheblich, ob ich es gut finde, dass einigen Menschen ein Stück Boden gehört und anderen eben nicht. Der Punkt ist, dass der Kapitalismus jede Verpflichtung zum Dienst des Eigentums zum Wohle der Allgemeinheit und damit seine eigene fragwürdige Begründung unterläuft – genau wie die Menschenrechte. Ein ausbeuterisches Wirtschaftssystem, welches die Ursache für die Vernichtung des menschlichen Lebens auf der Erde ist – das ist der Feind unserer Grund- und Menschenrechte, unserer Freiheit und unserer Sicherheit. Unserer Verfassung. Was ist die Klimakatastrophe, wenn sie keine Kapitalismuskrise ist?

CHIARA Durch die zunehmende Instrumentalisierung der Polizei, um den Kapitalismus zu verteidigen, ergibt sich ein Interessenskonflikt, den wir Polizei-Paradox nennen. Einerseits sind Polizist:innen in einem demokratischen System der Wahrung von Grundrechten verpflichtet; andererseits schützen sie ein wirtschaftliches System, das diese gefährdet. Die Grundrechte sind Abwehrrechte, das bedeutet, dass sie von Menschen gegenüber der staatlichen Autorität nicht erst in einem rechtlichen Verfahren erkämpft werden müssen, um sie wahrnehmen zu können, sondern dass der Staat nicht willkürlich in sie eingreifen kann.

Das ist historisch gesehen keine Selbstverständlichkeit, es ist eine positive Entwicklung. Heute binden die Grundrechte Gesetzgebung, vollziehende Gewalt – also auch die Polizei – und Rechtsprechung als unmittelbar geltendes Recht, so steht es in Artikel 1 des Grundgesetzes.

Für die Polizei bedeutet das, dass sie erst einmal überhaupt kein Recht zu irgendeinem Eingriff in die Grundrechte hat, wenn sich in ihrem Polizeigesetz keine Erlaubnis dazu findet. In dem Vertrauen darauf, als Polizistin auf dem Boden unseres Grundgesetzes für nichts als Sicherheit und Gerechtigkeit zu stehen, leistete ich einmal mit Stolz meinen Eid.

In der Praxis kann ich diesem Anspruch immer weniger gerecht werden. Ich stelle mir ernsthaft die Frage: Wenn der Kapitalismus zum Verfassungsbruch führt, werden Polizistinnen und Polizisten dann nicht selbst auch immer öfter zu Verfassungsbrecher:innen und immer seltener zu echten Hüter:innen der Gerechtigkeit?

HANNAH Was hat sich also tatsächlich geändert, seitdem die Polizei den Wohlstand, die Ordnung und das Eigentum der herrschenden Klasse sicherte? Ich finde: viel zu wenig. Machthabende verteidigen durch die Polizei den Status quo gegen diejenigen, die ihn verändern wollen, die Zerstörung erreicht immer größere Dimensionen, am Ende der Schneise droht die Auslöschung des menschlichen Lebens.

Um eine Sicherheit zu schützen, die keine Sicherheit ist, wird die Polizei immer mehr verstärkt, greift immer mehr in die Freiheiten der Menschen ein – jeder konstruierte Widerspruch zwischen elementarer Sicherheit und Freiheit lenkt letztlich jedoch davon ab, dass aktuell beides von derselben, eben von dieser Ordnung gefährdet wird. Wir sind nicht gleich. Wir sind nicht frei. Wir sind nicht sicher.

Solange Profit mehr wiegt als die Menschlichkeit, wird schlussendlich auch die Polizei durch den Kapitalismus instrumentalisiert. Und solange das so ist, folgere ich, dass sie die ausführende Gewalt des Profitzwanges ist, nicht des Volkes, dass sie nicht Freund und Helfer der Gemeinschaft ist, sondern die Hüterin der Ungerechtigkeit. Und dadurch stehen sich Polizist:innen und Klimaaktivist:innen zunehmend feindlich gegenüber, die als Menschen doch eigentlich das gleiche Ziel verfolgen sollten: die Verteidigung einer demokratischen Gerechtigkeit aus Freiheit, Gleichheit und Sicherheit.

Klima der Gewalt

HANNAH Das Paradox zwischen Demokratie und Kapitalismus wird nicht auf Dauer fortbestehen, es wird sich in die eine oder in die andere Richtung auflösen. Naomi Klein bringt für mich in *Die Entscheidung: Klima vs. Kapitalismus* auf den Punkt, wo wir anpacken sollten: »Es gibt die natürlichen Gesetze und die der Wirtschaft. Beide sind miteinander unvereinbar. Eins davon können wir ändern, das andere nicht.«[75]

Aber es liegt nicht nur bei dieser rationalen Entscheidung – mein Antrieb ist vor allem die Angst, die in mir aufsteigt, wenn ich an eine Zukunft denke, in der der Kapitalismus ungebremst über Demokratie und Menschenrechte triumphiert und rechte Kräfte davon profitieren. Vor einem neuen Faschismus, davor habe ich unheimliche Angst. Es sind nicht wir Boten der Katastrophe und anderer Krisen, die extrem sind und unserer Gesellschaft Schaden zufügen. Extrem ist, wenn Hass und Gewalt die Zukunft regieren und nicht nur die ökologische, sondern auch die soziale Katastrophe droht.

Es zeichnet sich bereits heute ab, wie die immer neue Verbreitung von falschen Feindbildern dazu führt, dass einst unsagbare Dinge erst zu normalen Ansichten und dann zur Realität werden. Bezahlkarten für Asylbewerber:innen, Pushbacks innerhalb der EU oder das Migrationsabkommen mit Tunesien, obwohl die dortigen Behörden Geflüchtete ohne Wasser und Nahrung in der Wüste ausgesetzt haben sollen – allein in den letzten Jahren wurden zahllose Maßnahmen eingeführt, obwohl sie kurz vorher noch als unmenschlich und unvorstellbar galten. Wenn die allgemeine Unzufriedenheit immer mehr manipuliert und dafür ausgenutzt wird, Hass zu schüren und Gewalt zu legitimieren, während der Staat mit einer aufgerüsteten Polizei immer härter gegen Feindbilder und Kritiker:innen vorgeht – dann sind wir bereits heute auf dem Weg in eine faschistische Gesellschaft. Wo soll das hinführen, wenn wir nicht umlenken? Ich habe Angst davor, dass dann noch viel mehr meiner schlimmsten Befürchtungen zur Realität werden, dass »Remigrationen« nicht mehr nur eine unmenschliche Idee sind, sondern für die Polizei mehr und mehr zum Berufsalltag werden.

Auch das gesellschaftliche Klima in der Bevölkerung wird immer mehr von Hass erfüllt. Bereits in diesem Augenblick macht mir unglaubliche Sorge, wie die Gewalt gegen Randgruppen immer mehr zunimmt und sich für einige zu normalisieren scheint, blicke ich allein auf die Liste der Vorfälle zurück, von denen ich nur die vergangenen Tage erfahren musste. In Bremen schmierten Nazis »NSDAP« und »AfD« an die Eingangstür des Zentrums für queeres Leben.[76] In Flensburg schändeten und zerstörten Rechtsextreme die Gedenkstätte für im Nationalsozialismus ermordete Sinti und Roma.[77] In Mönchengladbach wurde ein Wohnheim für Menschen mit Behinderungen mit einem Ziegelstein angegriffen, auf dem die Worte »Euthanasie ist die Lösung«[78] zu lesen waren.[79] Freundinnen und Freunde berichteten mir davon, dass zwei mit Axt und Messer bewaffnete Personen in eine Waldbesetzung eindrangen und ihnen und anderen Aktivist:innen mit Mord drohten. Wir haben es bereits so weit kommen lassen, dass Menschen in blinder Wut aufeinander losgehen und an vielen kleinen Fronten Kriege führen.

Und ich glaube, all diese Tendenzen werden ihre schlimmsten Ausmaße erst annehmen, wenn die Klimakatastrophe und andere Folgen des Kapitalismus zunehmend für die Destabililsierung unserer Umwelt sorgen. Ich bin mir sicher, dass Naturkatastrophen und knapper werdende überlebenswichtige Ressourcen beispiellose Existenzängste, Frustration und Verzweiflung in der Bevölkerung hervorrufen werden – für mich ist nicht auszudenken, zu welcher Ausgrenzung und Gewalt es erst führen wird, wenn diese Gefühle durch rechtsextreme Parteien manipuliert und weiter Ideologien verbreitet werden, die Menschen gegeneinander aufhetzen. Wenn wir uns fragen müssen, wie alle Menschen ernährt werden können, was passiert dann, wenn erst politische Kräfte regieren, die bereits heute davon sprechen, bei der »Entsorgung« von Menschen nicht zimperlich sein zu wollen?[80]

»Unser Land zuerst!« ist das Versprechen der AfD und ihrer Verbündeten, und viele Menschen fühlen sich davon aufgefangen. Aber wer das glaubt und unterstützt, der beschwört die menschliche Katastrophe.

CHIARA Ich habe eine Vermutung, wer besonders zur Zielscheibe werden wird: Klimaflüchtende, die vor den Auswirkungen einer Katastrophe fliehen, für die sie die geringste Verantwortung tragen. Sie werden an den Grenzen von Ländern stehen, wo man sie nicht als Opfer erkennt, sondern zur Bedrohung erklärt. Rechte und neofaschistische Parteien werden sich als Rettende inszenieren, als Vertretende der »wahren Interessen« des Volkes – als diejenigen, die mit der notwendigen Gewalt zu reagieren in der Lage sind. Führende Politiker:innen der Alternative für Deutschland forderten bereits 2015 den Einsatz von Schusswaffen gegen Geflüchtete, damit nicht noch mehr unregistrierte Menschen über Österreich nach Deutschland einreisen könnten. Beatrix von Storch will auch auf Kinder schießen lassen.[81]

Ich habe im Juni 2024 fassungslos mitverfolgt, wie die AfD – eine Partei, die bundesweit als rechtsextremistischer Verdachtsfall eingestuft ist – bei der Europawahl zweitstärkste Kraft wurde, und in Brandenburg, Sachsen-Anhalt wie auch bei mir in Mecklenburg-Vorpommern sogar die meisten Stimmen bekam.[82]

In Deutschland gewinnt eine Partei Wahlen, die sich mit ihren Bestrebungen gegen die freiheitlich-demokratische Grundordnung richtet, Menschenwürde und Demokratie angreift. Ich kann kaum beschreiben, was in mir vorgeht, wenn mir klar wird, was das bedeutet. Was es für mich ganz persönlich bedeutet, wenn die Asylgesetze der EU weiter verschärft und die Grenzen durch immer mehr Polizei »gesichert« werden. Was es für mich ganz persönlich bedeutet, wenn mir jemand den Gebrauch einer Schusswaffe gegen unschuldige Menschen, gegen unschuldige Kinder abverlangt. Wie ich mich dabei fühle, Menschen bei der Polizei zu wissen, die sich bereits heute auf den »Tag X« vorbereiten und Listen führen, unter deren Namen sich auch Hannahs Name wiederfindet, Listen, die ihre Ermordung vorsehen.

HANNAH 2022 handelte es sich bei knapp 25 000 von 59 000 politisch motivierten Straftaten um radikale oder gewaltvolle rechtsextreme Taten, knapp 7000 solcher waren linksextreme.[83] Rechtsextremismus wird über dieses Verhältnis hinaus weiter verharmlost, wenn Straßenblockaden und andere gewaltfreie Aktionen von Klimaprotestierenden als »linksextreme Delikte« eingestuft werden und die Statistik frisieren – wie in Berlin 2023 geschehen.[84] Mehr als 600 der insgesamt etwa 1100 »linksextremen« Fälle wurden dort mit »Klima- und Umweltbezug« gespeichert. In dieser Logik wäre ich ebenso gefährlich wie ein rechtsextremes Prepper-Netzwerk bewaffneter Staatsbediensteter, die die Tötung politischer Gegner:innen planen.

Die Holocaust-Überlebende Esther Bejarano sagte in der Sendung *Die Anstalt* vom 17. November 2015: »Wer gegen Nazis kämpft, kann sich nicht auf den Staat verlassen.«[85] Würde uns der Staat vor dem Faschismus schützen? Würde uns die Polizei vor dem Faschismus schützen?

CHIARA Die Antwort insbesondere »konservativer« Politiker:innen auf steigende Umfragewerte und Wahlerfolge der AfD: Sie nehmen selbst zunehmend rechte Positionen ein. Aber so wehrt man keine faschistischen Ideen von der Mitte ab, so macht man sie alltagstauglich. Ich vermute, dass Machthabende im Kapitalismus Rechtsextremismus weniger bekämpfen, weil er weniger im Gegensatz zum Kapitalismus und seinen Machtverhältnissen steht, während die politische Linke sie als Teil des Problems adressiert und Umverteilungen und Enteignungen vorschlägt.

Auch die Ergebnisse einer Umfrage von Statista 2021/22 zur Haltung von Polizeibeamt:innen gegenüber dem politischen System werfen ein beunruhigendes Licht auf die inneren Strukturen staatlicher Institutionen. Nur 42 Prozent erkennen Offenheit und Toleranz als Grundpfeiler der Gesellschaft an, ein Anteil von rund einem Drittel ordnete sich zu diesem Zeitpunkt politisch im mitte-rechten Spektrum ein. Lediglich rund zwei Prozent der Polizistinnen und Polizisten stuften sich als links ein.[86] Regelmäßig gibt es neue Enthüllungen zu rechtsextremen Chatgruppen in der Polizei, im April 2024 berichtete die Tagesschau über rechtsextreme Tendenzen unter Polizist:innen. Nach Abfrage in den Innenministerien stehen offiziell 400 Polizistinnen und Polizisten der Länder unter Rechtsextremismus-Verdacht. Mecklenburg-Vorpommern, Berlin, Bremen und Thüringen konnten keine Zahlen zur Verfügung stellen, auch die Polizeien des Bundes sind in dieser Zahl nicht enthalten.[87]

HANNAH Es sollte uns alarmieren, dass in Zukunft nicht nur rechte Parteien eine bewaffnete Großorganisation für ihre Zwecke instrumentalisieren könnten, sondern auch, dass viele Rechte selbst Polizist:innen sind und einen unmittelbaren Zugriff auf Waffen haben.

Wir stehen an einem Scheideweg. Das, was uns schützt, ist keine weitere Investition in dieses System, sondern seine grundlegende und zukunftsweisende Änderung!

Die Brandmauer gegen rechts – dieser Begriff war in der öffentlichen Debatte immer wieder zu hören, als im Januar 2024 durch das unabhängige Medienunternehmen Correctiv die Deportationspläne der AfD öffentlich wurden und eine Welle der Empörung in der Bevölkerung auslösten. Egal, ob es sich dabei um etwas handelt, was unsere Gesellschaft bereits imstande ist zu leisten, oder um etwas, was es aufzubauen gilt – es müssen sich nicht zuletzt Polizistinnen und Polizisten angesprochen fühlen, ihren Teil dazu beizutragen, um unsere Demokratie gegen jede Form des Faschismus wehrhaft zu machen – bevor es zu spät ist.

Extreme Klimaveränderungen erfordern radikale gesellschaftliche Reaktionen, auch oder gerade wenn sie nicht im Sinne der herrschenden Ordnung legal sind. Widerstand ist das Ingangsetzen positiver Dynamiken, wir brauchen ihn, um zur Menschlichkeit zurückzufinden und Geschichte neu zu schreiben. Wir haben keine Zeit zu verlieren!

CHIARA Nie wieder ist jetzt. Ich werde nicht dem Faschismus dienen. Ich werde nicht der Zerstörung unserer Lebensgrundlagen dienen. Ich werde nicht der Gewalt dienen. Ich stehe zu meinem Wort, welches ich einst an meine Direktion richtete. Und spätestens wenn das Aussterben der Menschheit droht, ist Neutralität keine Alternative, sondern in Wirklichkeit die schlechteste Wahl im Einsatz um wichtige gesellschaftliche Veränderungen. Die Zeit für den Widerstand gegen das Klima der Gewalt und für eine lebenswerte Zukunft ist jetzt.

Kapitel 7

DIE KRAFT DER NATUR – EINE EINLADUNG

BEIDE Wir können den Faschismus und die Zerstörung unserer Lebensgrundlagen verhindern – wenn wir unsere Gesellschaft entschlossen anders leben. In den Brüchen ausgedienter Systeme liegen Räume für neue Möglichkeiten. Die Demokratie – das sind wir! Jede Einzelne und jeder Einzelne von uns! Und wir haben alles, was wir brauchen, um die Initiative zu ergreifen, uns selbst zu regieren und uns dem Faschismus entgegenzustellen. »Faschismus hat dort keine Chance, wo Menschen die Schönheit unseres Zusammenlebens neu entdecken«[88], schreibt Raphael Thelen vom Projekt Menschlichkeit in seinem Newsletter vom Mai 2024. Krisen und Zusammenbrüche sind Herausforderungen – und vor allem sind sie die Chance für einen Neuanfang, die Gelegenheit, die Zukunft zu bestimmen und veraltete Regeln durch zeitgemäße Ideen zu ersetzen. Die Zukunft hängt davon ab, welche Visionen wir in uns tragen und wie bereit wir sind, sie in eine lebendige Realität umzusetzen. Jeder Schritt, den wir heute gehen, kann uns vor einer dystopischen Zukunft bewahren und uns der Welt unserer fantastischsten Träume näherbringen.

HANNAH Ich bin mir sicher, dass es unglaublich wertvoll ist, könnten wir alle wieder lernen, uns eine andere, bessere Welt vorzustellen. Lasst uns die Chance ergreifen, der Welt von heute Alternativen entgegenzudenken – und sie dann in die Tat umsetzen. Die Macht der Vorstellungskraft kennt keine Grenzen – in der Tiefe unseres Geistes liegen die Bausteine unserer Zukunft. Wir laden euch ein, euch mit uns zu fragen: Wie sieht die Welt aus, die ihr euch wünscht? Wie wollt ihr leben? Habt keine Angst vor der Utopie – das Einzige, was nicht funktionieren wird, ist, nichts zu verändern!

Unsere Welt von morgen ist eine gänzlich andere als die, die wir heute kennen – sie ist wunderschön! Sie ist inspiriert von all den Konzepten und Visionen dieser Welt, die nur darauf warten, dort zum Einsatz zu kommen, wo sie gebraucht werden, so zusammenzufließen, dass sie einen Sinn ergeben – Degrowth, Cradle to Cradle, Gemeinwohlökonomie, bedingungsloses Grundeinkommen, um nur ein paar von ihnen zu nennen.

Es gibt so viele Vorbilder in der ganzen Welt, so viele Pionierinnen und Pioniere, die uns heute schon zeigen, wie unsere Welt morgen aussehen kann. Lasst euch inspirieren von den urbanen Gemeinschaftsgärten Havannas, von Orten wie Lützerath, wo Menschen Utopien jenseits des Kapitalismus erproben. Macht unvergessliche Erfahrungen bei Wir bauen Zukunft[89] in Mecklenburg-Vorpommern, wo neue Lebens- und Arbeitsformen gemeinsam gestaltet werden. Taucht ein in das interkulturelle Generationenprojekt in Hitzacker Dorf[90], die basisdemokratische Selbstverwaltung in Rojava und zahlreiche indigene Gemeinschaften, die seit eh und je ohne Polizei leben – die Lösungen sind alle da, wir müssen nur anfangen. Und ich kann es nicht deutlich genug sagen: Es lohnt sich, denn entweder werden wir in Zukunft anders und besser leben oder gar nicht mehr.

CHIARA Stellt euch vor, Gemüse wächst an jeder Hauswand, Müll gibt es nicht mehr, und Wasser verlässt Fabriken sauberer als vorher. Biokunststoffe dienen als Nährstoff für die Gemeinschaftsgärten in der Stadt, es werden Gebäude gebaut, die eine größere Biodiversität fördern, als an diesem Fleck vorher gewesen ist.[91] Nach dem Cradle-to-Cradle-(C2C)-Prinzip ist es möglich, die Erde als Lebensgrundlage aller Lebewesen nicht nur zu erhalten, sondern durch unser Handeln sogar einen Mehrwert zu schaffen. Mit dieser Strategie können wir Menschen nicht nur weniger schlecht für die Umwelt, sondern als ein Teil von ihr Nützlinge sein, die einen positiven Fußabdruck hinterlassen.[92]

Es gibt bereits einige C2C-Leuchtturmprojekte, Venlo in den Niederlanden hat schon heute als erste Gemeinde weltweit das C2C-Prinzip verinnerlicht. Das Gebäude der Stadtverwaltung ist an der Nordseite in einer Mischkultur bepflanzt, zu jeder Jahreszeit wandeln andere saisonale Pflanzen Kohlenstoff in Sauerstoff um, isolieren vor Hitze, Kälte und Geräuschen und filtern Feinstaub – die Fassade funktioniert wie eine grüne Lunge und bietet Vögeln Ruhe und Brutplätze. Innerhalb des Gebäudes befeuchten Pflanzen die Luft, das Wasser wird in Kreisläufen gehalten und in einer Pflanzenkläranlage aufbereitet, Gebäude und Mobiliar können nach der Nutzung in ihren Einzelteilen wiederverwendet werden. Alle Materialien der Einrichtung sind gesund, und der Krankenstand der Mitarbeitenden ist stark gesunken. Das Innere des Gebäudes ist vom Stadtzentrum aus sichtbar, ein Zeichen für die Transparenz der Demokratie.[93]

Ein anderes Konzept, welches ich sehr inspirierend finde, ist die Idee eines bedingungslosen Grundeinkommens. Alle Menschen erhalten von Geburt an lebenslang jeden Monat so viel Geld, wie sie zum Leben benötigen. Einfach so, als Grundrecht. Ohne dass sie dafür etwas tun müssen. Ohne dass es ihnen gestrichen werden kann. Eben bedingungslos.[94] In vielen Studien und Pilotprojekten wird bewiesen, dass ein bedingungsloses Grundeinkommen für alle Bürgerinnen und Bürger nicht nur finanziell möglich ist, sondern auch einen erheblichen Effekt auf das Wohlbefinden hat. Die Bedingungslosigkeit einer grundsätzlichen Versorgung verringert die Gefahr der Ausbeutung von Notleidenden und vermittelt das Gefühl von: Wir glauben an dich, probier dich aus, zeig, was du kannst. Wenn es schiefgeht, macht das nichts. Dann probierst du es nächsten Monat einfach wieder. Das ermutigt und gibt Selbstvertrauen.[95]

HANNAH Stellt euch vor, durch die Einrichtung eines Gesellschaftsrates ist es gelungen, der Demokratie zu Hilfe zu eilen und aus unseren gesellschaftlichen Paradoxen auszubrechen. Wir haben dem Klima der Gewalt den Rücken zugekehrt und die Weichen für Politik und Wirtschaft neu gestellt. Stellt euch vor, die Zeiten von Konkurrenz und Ungleichheit sind vorbei, sie weichen Kooperation und Zusammenhalt. Repräsentativ für die gesamte Bevölkerung sind junge Menschen mit Rentner:innen zusammengekommen, Motorradfans aus der Stadt mit Tierärzt:innen vom Land, Veganer:innen mit Metzger:innen, Millionär:innen mit Alleinerziehenden, um den großen Umbruch einzuläuten. Keine Minderheit musste ihre Position aufgeben, alle Meinungen wurden berücksichtigt und jedes Bedürfnis integriert, bis die weitere Vorgehensweise im Konsens beschlossen und von allen akzeptiert wurde.

Stellt euch vor, die neue Regel ist, dass es keine Regel gibt. Ich meine damit, dass es für unterschiedliche Menschen an unterschiedlichen Orten auch vielfältige Lösungen braucht. Der Gesellschaftsrat hat bei seinen Entscheidungen bedacht, dass es einzig die natürlichen Gesetze sind, die unabänderlich sind, und die Menschen in allen Dörfern, Städten und Gemeinden dazu ermächtigt, weiterzudenken und mitzugestalten, wie sie vor Ort die sozial gerechte Wende schaffen, Lebensgrundlagen und Lebensfreude nachhaltig retten können.[96] Alle Menschen sind nun gleichermaßen Machthabende, ein kraftvoller Wind wird in die Segel der Demokratie gelenkt – an alle ist gedacht, wenn alle mitdenken. Ein überwältigendes Gefühl der Eigenverantwortung erfüllt uns, überall strömen wir zu den lokalen Versammlungen, die bereits heute überall abgehalten werden[97], und überlegen, was jetzt zu tun ist. Alle haben die gleiche Möglichkeit mitzureden, alle werden gehört, jeder Widerstand wird als Chance auf eine noch bessere Lösung gesehen.[98]

Stellt euch vor, wir können dabei von all den Menschen beraten und unterstützt werden, die bereits heute Konzepte und Ideen für eine gerechte Zukunft entwickelt haben. Von Anne Brorhilker und der Bürgerbewegung Finanzwende e. V., deren Geschäftsführerin sie heute ist.[99] Von Ulrike Herrmann, die bereits einen Vorschlag für den Ausstieg aus dem Wachstumszwang am Beispiel der britischen Kriegswirtschaft im Zweiten Weltkrieg erarbeitet hat.[100] Von Maja Göpel, die Expertin dafür ist, eine nachhaltige Wirtschaft für alle neu zu denken und jeden einzelnen Menschen als Antrieb des Wandels anzusehen. Stellt euch vor, was für eine große ganzheitliche Transformation aus ganz vielen kleinen passenden Lösungen entsteht.

Stellt euch vor, alle Menschen werden bedingungslos versorgt, alle nutzlosen Produktionen und Verwaltungen eingestellt. Stellt euch vor, die Konsumwirtschaft wird schrumpfen, während eine dem Gemeinwohl dienende Ökonomie wächst. Niemanden interessiert mehr der abstrakte Wert eines Bruttoinlandsproduktes – Menschenwürde, ökologische

Verantwortung, Solidarität, soziale Gerechtigkeit, demokratische Mitbestimmung und Transparenz sind der neue Maßstab.[101]

Stellt euch vor, wirtschaftliche Entscheidungen werden nicht mehr allein von Unternehmen und Märkten, sondern in erster Linie für und durch die Menschen vor Ort getroffen. Die Umwelt wird nicht länger als Ware betrachtet, sondern als kostbares Gut, das es zu schützen gilt. Die Menschen teilen sich die Arbeit, die sie für die Versorgung und Sicherheit ihrer Gemeinschaft als notwendig erachten, ein zunehmendes Gefühl von Selbstbestimmung und Eigenverantwortung wächst, während Sorgen und Stress abfallen.

Stellt euch vor, immer mehr Gebäude, Städte und Regionen werden so zu lebendigen Ökosystemen, niemand ist mehr abhängig von einem Einkommen, die Emissionen sinken. Stellt euch vor, die Folgen der Transformation sind überall zu sehen, Golfplätze werden zu Bienenweiden, Flughäfen und Schulhöfe entsiegelt, Moore renaturiert und Wälder aufgeforstet. Die Wirtschaft ist vom Wachstumszwang befreit, in Fabriken wird nur noch produziert, was gebraucht wird, öffentliche Verkehrsmittel und erneuerbare Energien werden ausgebaut.

Es gibt keinen riesigen, absurden Reichtum mehr, das Wort Milliardär verschwindet aus dem Wortschatz, gleichzeitig auch Obdachlosigkeit und Armut. Reiche geben der Gemeinschaft ihr Eigentum zurück, wohnungslose Menschen beziehen nicht mehr benötigte Büro-Gebäude, ehemalige Inkasso-Büros, Einkaufszentren und Lagerhallen werden zu Gemeinschaftswohnprojekten.

Stellt euch vor, wir können gemeinsam einen gesunden Umgang mit den Errungenschaften des Kapitalismus finden. Waschmaschinen, Autos und Handys gibt es immer noch, allerdings werden sie seltener genutzt und wenn möglich geteilt. Kreisläufe zwischen Kund:innen und Herstellenden entstehen, und alle haben ein Interesse daran, dass Geräte lange halten. Überall gibt es Tauschlokale und Repaircafés. Einiges nutzen wir überhaupt nicht mehr, einfach weil wir es nicht mehr brauchen, seit wir weniger arbeiten müssen. Autos zum Beispiel kommen nur noch selten zum Einsatz, meistens gibt es keine Notwendigkeit, lange Strecken zurückzulegen.

CHIARA Dort, wo früher der Feierabendverkehr die Straßen verstopfte, lernen Kinder sicher Fahrradfahren. Stellt euch vor, an Litfaßsäulen und Bushaltestellen hängt keine Werbung mehr, sondern freundliche Botschaften und Einladungen. Öffentliche Parks werden zu Mischkulturgärten, dort, wo früher Monokulturen mit Pestiziden besprüht wurden, organisieren Menschen solidarische ökologische Landwirtschaft, kein Essen wird mehr weggeworfen. In Schulen gibt es keine Noten mehr, die Türen der Klassenzimmer stehen offen, und die Kinder entscheiden selbst, wann sie kommen und was sie lernen. Sie machen ihre eigenen Erfahrungen und werden zu selbstbewussten und kritischen jungen Menschen, die sich und anderen vertrauen.

Stellt euch vor, wir leben in einem System, welches belohnt, wenn wir gut miteinander umgehen. Wir alle können erkennen, was für gute Wesen wir sind, dass der Fehler nicht bei uns lag, sondern im System. Die Zeit, die Menschen nicht mehr in Lohnarbeit stecken müssen, geben sie einander und der Natur. Nachbarinnen und Nachbarn entfernen die Zäune zwischen ihren Gärten, wir kommen in unseren Vierteln zusammen, sprechen über das, was uns direkt betrifft. Gemeinsam heilen wir die Wunden aus der Zeit schädlicher Systeme, versöhnen und verzeihen uns. Alte und Kranke bekommen endlich die Fürsorge, die sie verdienen. Eltern haben Zeit für ihre Kinder, alle Kinder bekommen die Aufmerksamkeit und Zuneigung, die sie brauchen, für alles andere sorgt die Gemeinschaft. Stellt euch vor, Nachbar:innen und Freund:innen organisieren Wochenbettcaterings, jeden Tag wird etwas gekocht. Kleidung und Spielzeuge braucht niemand mehr zu kaufen, es gibt bereits alles im Überfluss, wenn weitergegeben, geschenkt und getauscht wird.

Niemand braucht mehr in den Urlaub zu fahren, weil jeder Tag eine Erholung ist. Überforderung und psychische Erkrankungen sind Geschichten der Vergangenheit, niemand leidet mehr unter Stress, niemand ist mehr einsam, die Menschen begegnen sich wieder gerne.

Menschen, die vor Krieg und Katastrophen fliehen, werden mit offenen Armen empfangen und in die Gemeinschaft integriert. In diesem neuen System sehen Menschen sich nicht mehr als Konkurrent:innen, sie sind Verbündete, Freundinnen und Freunde, sie lernen voneinander und freuen sich über die Bereicherungen aus anderen Kulturen. Stellt euch vor, wir haben wieder Freude daran, etwas für andere zu tun, anderen etwas von dem zu geben, was wir haben, und was für ein unglaubliches Gefühl von Sicherheit und Geborgenheit es ist, zu wissen, dass alle anderen auch immer helfen und teilen. Mit anderen zusammenzuarbeiten ist das neue Normal. Die Vereinzelung von früher, in der jeder eine kleine Ich-AG war, ist Geschichte. Alle kennen ihre Nachbarinnen und Nachbarn, und es ist eine selbstverständliche Fähigkeit, sich innerhalb von kürzester Zeit mit anderen zusammenzuschließen und zu organisieren, um ein Problem zu lösen oder eine Idee anzupacken.

HANNAH Das neue gesellschaftliche System hält sich von selbst, wie in einem Ökosystem, in dem die natürliche Balance für die Stabilität des Gesamtsystems sorgt. Für die Anwendung der Strategien natürlicher Ökosysteme auf die Lebensbereiche des Menschen prägten Bill Mollison und David Holmgren den Begriff »Permakultur«. Er leitet den Begriff von den Worten »permanent« (permanent, dauerhaft) und »culture« (Kultur) ab – ein System, das für alle nachhaltig funktioniert.[102] Das Prinzip der Permakultur basiert auf drei ethischen Grundprinzipien: der Sorge für die Erde (Earth Care), der Sorge für den Menschen (People Care) und der gerechten Verteilung von Überschüssen wie die Begrenzung des Verbrauchs (Fair Share). Ich bin fest davon überzeugt, wenn unsere Gesellschaft auf Gerechtigkeit und Fürsorge für jedes Mitglied dieser Gesellschaft beruht, dann wird sich dieses System von selbst halten. Es erfüllt Grundbedürfnisse und garantiert Freiheiten und hält sich deshalb von alleine aufrecht, weil alle Menschen ein nachhaltiges Interesse daran haben. Eine Ordnung, deren Fundament das menschliche Wesen ist und die seiner Entfaltung Raum gibt, braucht weder Hierarchie noch Kontrolle – es braucht keine bewaffnete Institution, die einen ungesunden Selbstzweck schützt. Und dieses System muss nicht erfunden werden, es liegt in diesem Augenblick gleichermaßen in uns und in allem, was uns umgibt.

Stellt euch vor, aus einem neuen gesellschaftlichen Konsens heraus wird auch strafbares Verhalten ganz anders definiert. Das Befolgen von Überlebensinstinkten, wie zum Beispiel Grenzübertritte auf der Flucht, ist legitim und genauso legal, ebenso wie sich aus einer Not heraus elementare Bedürfnisse zu erfüllen oder wie der zivile Widerstand, wenn man beobachtet, dass etwas Unrechtes geschieht. Eine moderne Definition von Strafbarkeit legt Maßstäbe an, die den tatsächlichen Schaden eines Handelns widerspiegeln. Als kriminell empfinden wir, wo Menschen ausgebeutet und natürliche Grenzen überschritten werden, wo Mensch und Natur zum Opfer werden. Stellt euch vor, auch die Natur selbst hätte unantastbare Grundrechte, wir schreiten entschlossen ein, wenn Tiere gequält, Wälder abgeholzt oder mit Nahrungsmitteln spekuliert wird, genauso wie wenn Menschen ausgenutzt, psychisch unter Druck gesetzt oder stigmatisiert werden.

Stellt euch vor, Menschen sind so gut versorgt, dass kein Grund mehr dazu besteht, aus Verzweiflung zu Gewalt zu greifen oder anderen Menschen etwas wegzunehmen. Das neue gesellschaftliche Klima sorgt dafür, dass es Menschen einfach besser geht, sie gehen wertschätzend und fair miteinander um, es gibt viel weniger Aggressionen, Hass und Konflikte. Ein neuer sozialer Frieden kehrt ein, Integration, Selbstbestimmung und Dialog sind die Garanten für Sicherheit und Frieden, keiner Gewalt wird mehr mit Gewalt begegnet, keiner Verzweiflung mehr mit Strafe. Das subjektive Sicherheitsempfinden wird nicht durch bewaffnete Uniformierte beeinflusst, Menschen entwickeln ein neues Urvertrauen gegenüber sich und anderen und schöpfen aus der Gemeinschaft Sicherheit.

CHIARA Stellt euch vor, es gibt keine *Polizei* mehr, denn wir brauchen sie nicht mehr. Sicherheitsaufgaben werden genauso lokal, eigenverantwortlich, demokratisch und machtsensibel organisiert, wie die Gesellschaft insgesamt. Stellt euch vor, alle Menschen werden von ihrem ersten Lebenstag an, im Elternhaus, in der Schule und in der Gemeinschaft in ihrer ganz persönlichen Entwicklung unterstützt, sie vertrauen auf ihre Stärken, ihre Gutmütigkeit und ihre Kooperationsfähigkeit, sodass auch in Sicherheitsfragen der Gemeinschaft diejenigen Menschen ihre Rolle finden, die am besten zu ihnen passt. Alle lernen diskriminierungsfreies Denken, es werden diejenigen Fähigkeiten vermittelt, die wirklich für ein gesundes Miteinander gebraucht werden. Dazu gehört auch der Umgang mit Konflikten. Menschen können Streitigkeiten untereinander deeskalieren, den Streitparteien helfen, Lösungen zu finden, die auf wirklicher Verständigung beruhen.

Für Ausnahmesituationen, in denen nicht das direkte Umfeld helfen kann, kann besonders geschulte Unterstützung gerufen werden – diese Menschen haben ein anderes Selbstverständnis als die heutige Polizei und tragen deshalb auch einen anderen Namen. Sowohl ihre Funktion in der Gesellschaft als auch die Abläufe innerhalb der Organisation sind von Gleichberechtigung geprägt. Es gibt keine Unterordnungsverhältnisse mehr, die dauerhaften und unantastbaren Regelmäßigkeiten unterliegen, jede Funktion kann zu jeder Zeit von der Gemeinschaft flexibel besetzt werden, alle Menschen können gleichermaßen Verantwortung wie Führung übernehmen. Vorbei sind die Zeiten, in denen die Polizei einen Selbstzweck erfüllte, die Aufrechterhaltung eines Status quo im Sinne einzelner Privilegierter sicherte. Eine neue Organisation hütet Austausch und Wandelbarkeit. Stellt euch vor, in lokalen Versammlungen werden für diese Aufgabe diejenigen Menschen ausgewählt, die sich durch besondere soziale Fähigkeiten wie Sensibilität, Empathie und Diplomatie auszeichnen. Regelmäßige Schulungen zu Psychologie und Kommunikation unterstützen sie dabei, Menschen zu verstehen und empathisch und konstruktiv zu handeln. Sie beschützen und unterstützen die Gemeinschaft, von der sie selbst ein Teil sind, wenn sie darum gebeten werden.

Polizeigewalt gehört in all ihren Formen der Vergangenheit an, niemand trägt mehr Waffen. Eine Ordnung für alle bedarf keiner gewaltsamen und hierarchischen Kontrolle, um sie aufrechtzuerhalten. Gewalt hat keinen Rückhalt in der Bevölkerung, sie dient nicht, sie schadet und wird deshalb abgelehnt.

Wer der Gemeinschaft Schaden zufügt, wird nicht länger mit Freiheitsentzug und Isolation bestraft, die Menschen haben erkannt, dass damit niemandem geholfen ist. Im Fokus steht, den Schaden zu beheben, Opfer und Täter:innen gleichermaßen zu heilen. Kriminalität ist kein Normalzustand, sondern ein Hinweis darauf, dass es systemische Schwierigkeiten zwischen Menschen geben muss und Bedürfnisse nicht erfüllt sind. Sie wird als Symptom tiefer liegender Probleme erkannt, die durch die Gemeinschaft gelöst werden müssen.

Stellt euch vor, Widerstand nimmt keine extremen Formen an, weil er nicht als Gefahr bewertet und bekämpft, sondern als Chance auf Verbesserungen geschätzt wird.

Stellt euch vor, alte Polizeikasernen werden zu Räumen des Zusammenkommens, Mauern und Zäune werden entfernt als Zeichen dafür, dass Sicherheit und Freiheit Gemeinschaftsaufgaben sind, Macht und Verantwortung bei allen liegen. Stellt euch vor, dort werden regelmäßig alle gesellschaftlichen Gruppen zusammenkommen, teilen sich einander mit und werden durch den Perspektivwechsel auf Augenhöhe zu Selbstreflexion und Empathie befähigt.

Stellt euch vor, es ist menschlich, nicht neutral zu sein. Menschen, deren Aufgabe die Konfliktschlichtung, der Austausch und die Wandelbarkeit einer Gesellschaft sind, haben ein gefestigtes moralisches Bewusstsein und treten entschlossen für die Verteidigung aller Menschenrechte ein.

Stellt euch vor, das, woran wir festhalten, ist eine Art des Zusammenlebens, die den Menschen und der Umwelt guttut, stellt euch vor, unsere Sicherheit ist unsere Menschlichkeit und die Freiheit, stets offen für neue Formen zu sein, wie das noch besser gelingen kann.

HANNAH Stellt euch vor, ihr würdet erfahren, wie alle dunklen Befürchtungen von Verzicht einem überwältigenden Gefühl von Erleichterung und Gewinn weichen. Der Lebensstandard steigt und steigt. Wir gewinnen an Zeit, an Beziehungen, an Erfüllung, an Ruhe, an Selbstwert und Sicherheit.

Wir könnten als neue erstarkte Gemeinschaft die unausweichlichen Folgen der Klimakatastrophe so abfangen, dass der Schaden für Menschen und andere Lebewesen so gering wie möglich ist. Menschen setzen sich aktiv mit der Klimakatastrophe auseinander, alle denken an Lösungen mit, wie die Renter:innen vor der nächsten Hitzewelle geschützt, die Bäume über den trockenen Sommer gebracht und die Stadt auf die nächste Sturmflut vorbereitet werden kann. Es herrscht ein umfassendes Wissen darüber, was die Klimakatastrophe verursacht hat und wie man sie wieder eindämmen kann. Rechtsextreme, die versuchen, Stimmung gegen Minderheiten zu machen, haben auch deshalb keinen Erfolg, weil berechtigte Angst einen Raum bekommt und sich dadurch nicht mehr für andere Zwecke instrumentalisieren lässt.

Stellt euch vor, wir stürzen nicht länger von einer Krise in die nächste, weil wir für unsere Probleme nachhaltige und gerechte Lösungen gefunden haben. Stellt euch vor, Parteilichkeit und Ungleichheit weichen Menschlichkeit.

CHIARA Der Weg in eine neue Welt ist gar nicht so schwer zu finden, er beginnt genau heute und genau dort, wo ihr seid, mit dem ersten kleinen Schritt!

Mittlerweile bin ich dankbar für die Ruhe, zu der ich nach meinem Burn-out gezwungen war. Die Ruhe, die für mich anfangs schwer auszuhalten war, wurde für mich zum Schlüssel meines persönlichen Wandels. Hier lag die entscheidende Chance, die schmerzliche Leere in mir als Raum für meine ganz persönlichen Vorstellungen, Meinungen und Überzeugungen zu sehen.

Ich schrieb in dieser Zeit viele Gedanken auf, und eines Tages notierte ich auf einem Blatt Papier alle Bereiche, die zu meinem Leben gehörten. Wo lebte ich, mit welchen Menschen hatte ich regelmäßig Kontakt, was konsumierte ich, was tat ich in meiner Freizeit und wo arbeitete ich. Ich gewichtete die Notizen danach, welchen Umfang sie in meinem Leben einnahmen, und kennzeichnete sie dann mit roten Kreuzen und grünen Häkchen. Grüne Häkchen für alles, was mir Kraft schenkte, rote Kreuze für alles, was mir Energie raubte. Im Ergebnis überwogen die roten Kreuze die grünen Häkchen deutlich, mein Akku war am Ende des Tages nicht nur leer, ich bewegte mich grundsätzlich jenseits meiner Grenzen. So konnte es nicht weitergehen.

Ich schmiedete einen Plan, um Kraft für tiefgreifende Auseinandersetzungen mit mir selbst zu sammeln und die bröckelnden Mauern äußerer Strukturen von Grund auf durch meinen eigenen Halt zu ersetzen. Diesen Plan setze ich bis heute um. Ich begann, meine Liste zu priorisieren und mir zu überlegen, wie eine Energieumverteilung in meinem Alltag konkret aussehen könnte. Umfangreiche Auseinandersetzungen und Veränderungen, die viel Kraft benötigten, stellte ich an das Ende der Liste. Dazu gehörte zum Beispiel meine berufliche Rolle als Polizistin. Ich begann, nach Veränderungen zu suchen, die ich durch die kleinsten Anstrengungen herbeiführen könnte, die wiederum Kraft für neue und größere Veränderungen freisetzen würden.

Anfangs identifizierte ich zum Beispiel meinen Handykonsum als etwas, was ich sofort ändern könnte, ebenso wie Beziehungen, die ich nur aus Höflichkeit aufrechterhielt. Ich löschte Apps und deaktivierte Benachrichtigungen, schenkte meinem Handy meine Aufmerksamkeit nur noch, wann ich es wollte.

Ich lernte sowohl meine Bedürfnisse als auch meine Grenzen immer mehr kennen, und es gelang mir, mein Leben immer aktiver selbst zu gestalten, mich immer weniger anzupassen – mich immer mehr kennenzulernen. Zeitliche und innere Räume füllte ich mit Menschen und Dingen, die mir guttaten. Ich zog zurück zu meiner Familie. Vor allem Musik zu hören oder selbst zu machen, ein gutes Buch zu lesen, mit dem Fahrrad an den Strand zu fahren und dort mitten in der Natur in einer Hängematte zu liegen, gab mir viel Kraft. Alles, was ich freiwillig und selbstbestimmt tat, war ein Gewinn. Alles, was keinem Leistungs- oder Anpassungszwang folgte, eine Heilung.

Dort, wo äußere Strukturen die Grenzen meiner Freiheit nicht respektierten, brachte ich mir selbst Respekt entgegen, ich sah mich nicht mehr nur als Reagierende auf die Entscheidungen anderer, sondern traf meine Entscheidungen selbst und wurde dadurch auch mutiger darin, mich zu widersetzen. Ich gewann immer mehr Selbstbewusstsein und Kraft, und heute weiß ich, dass sich dieser Prozess deshalb so gut anfühlte, weil der Widerstand gegen schädliche Zustände eine natürliche und ebenso menschliche Strategie ist.

Widerstand, das bedeutet für mich schlicht und einfach: das tun, was gut und richtig ist, das, was legitim ist. Egal, ob es das aktuelle System als richtig oder legal einstuft. Es ist so simpel wie weltbewegend, so anstrengend wie erleichternd, so alternativlos wie überfällig. Wenn etwas, das nach menschlichen Maßstäben legitim ist, nicht legal ist oder gar geächtet wird, dann hat man genau die Stelle gefunden, an der Veränderung notwendig ist.

Letztlich geht es darum, die Regeln, die uns umgeben, stets zu hinterfragen und ein offenes Auge dafür zu haben, wo der Unterschied liegt zwischen der Welt, wie wir sie uns wünschen, und der Welt, wie sie ist. Wenn jede:r von uns im persönlichen Umfeld die ersten kleinen Schritte geht, um diese Unterschiede zu identifizieren und zu verringern, dann ergibt sich daraus ein Gesamtbild des Wandels. Wie ein Mosaik, das aus lauter kleinen Steinchen besteht und ein riesiges Gesamtkunstwerk ergibt, wird die notwendige Veränderung unserer Gesellschaft daraus entstehen, dass wir alle uns fragen: »Wie kann ich zu einer besseren Welt beitragen?«

Genau dort fängt alles an. Systeme sind zwar komplex, leben aber von all denjenigen, die mitmachen – ebenso wie der Widerstand. Der Wandel fängt nicht bei der Regierung an, er fängt dort an, wo Menschen mit sich und ihrer Umgebung verbunden sind. In der Familie, in der Schule, in der Politik, in jedem Beruf – bei der Polizei.

HANNAH *»Das kannst du so nicht machen, du überforderst die Menschen«,* sagte man mir oft, vor allem als ich mich dafür entschied, Aktivismus in meinem Leben den Vorrang zu geben. Ich hingegen war der Überzeugung, dass wir einer riesigen Katastrophe nicht mit winzigen Veränderungen entgegentreten könnten. Wenn wir eine Überlebenschance haben wollen, müssten die positiven Veränderungen ein ebenso großes Ausmaß annehmen wie die Katastrophe selbst, dachte ich. Um die Welt zu retten, den Kapitalismus abzuschaffen, müssten sofort große politische Hebel in Gang gesetzt werden.

Heute weiß ich, drastische Aktionsformen und kleine Veränderungen gehen Hand in Hand. Alle Menschen haben ihre ganz persönlichen Möglichkeiten, ihr ganz eigenes Tempo. Auch bei mir hat der Wandel mit kleinen ersten Schritten begonnen, auch meine Reflexion – zu meinem Umfeld, meinem Handeln, meinem Leben – ist ein kontinuierlich andauernder Prozess. Die Summe lauter kleiner Momente, so vieler Beobachtungen.

Ich erinnere mich, als ich einmal an einem Bahnhof saß und schockiert darüber war, wie anonym alles wirkte, eine schreckliche Tristesse in einem toten Betonklotz, während die Werbetafeln nach der Aufmerksamkeit der gestressten Menschen schrien. Einige Bahnhöfe später hatte sich meine Kritik vertieft, mein Blick für die notwendigen Veränderungen geschärft. Heute sind Bahnhöfe die Spielplätze meiner Fantasie, Gelegenheiten, um Potenziale zu entdecken. Dieser Bahnhof könnte auch ein Gemeinschaftszentrum sein, wo Wartende in einem Umsonst-Café zufriedener Betreibender gemeinsam Brettspiele spielen oder Wandgemälde an den Betonklotz pinseln, denke ich dann, und lebhafte Bilder entstehen vor meinem inneren Auge.

Heute wächst aus der Differenz zwischen der Realität und meinen persönlichen Visionen der Welt, dem Potenzial, das ich sehe, meine Motivation, für Veränderungen zu kämpfen und entschlossen zu handeln. Mit jedem Tag, den wir nutzen, um ein anderes, besseres Zusammenleben im Hier und Jetzt zu beginnen, mit jeder gelebten Alternative bauen wir die alte Welt langsam ab. Wenn ich das Gefühl habe, alles geht zu langsam voran, oder mich ärgere, nicht genug zu schaffen, erinnere ich mich daran: Unzählige Menschen haben in der Vergangenheit mit kleinen und großen Schritten bereits unzählige Veränderungen herbeigeführt. Ich will weiter jeden mir möglichen Schritt gehen, damit meine Kinder später ihre Schritte in einer besseren Welt gehen können – und auch andere auf diesen Weg abholen.

Durch extreme Aktionsformen wurden in der Vergangenheit nicht nur schädliche Projekte gestoppt – heutzutage sind wir denjenigen dankbar, die sich einst auf Gleise ketteten und Atomtransporte stoppten –, sie bringen auch Aufmerksamkeit, sorgen für Diskussionen. Wenn andere Menschen sich mit der Klimakatastrophe und ihrer eigenen Betroffenheit auseinandersetzen, versetzen sie sich auch in die Lage, sich ihrer eigenen Verantwortungen und Möglichkeiten bewusst zu werden. Dann setzen auch sie viele kleine Veränderungen in Gang, die bald zu dem entscheidenden Hebel für einen langfristigen und grundlegenden Umbau der Gesellschaft werden. Hätte es den Hungerstreik nicht gegeben, das Instagram-Profil von *Der Aufbruch* nicht, dann hätten Chiara und ich uns nicht kennengelernt.

CHIARA Der Hungerstreik gab mir den Impuls dazu, Kontakt zu solchen Menschen zu suchen, die bereits einen Schritt weiter zu sein schienen als ich. Wie sieht das Leben dieser selbstbewussten, mutigen und entschlossenen Menschen aus, welches unsere Welt retten könnte, würden wir es nur alle so führen?

Und plötzlich stand ich einem Verständnis von Sicherheit gegenüber, das vollkommen im Widerspruch zu meinen Gewohnheiten stand. Ich lernte Menschen kennen, die sich mit ihren ganzen Sinnen wieder dem widmeten, was sie umgibt. Sie schöpften Glück und Zufriedenheit aus der Verbindung zu sich selbst, zu dem Ort und den Menschen um sich herum. Ehrenamtlich, in Genossenschaften, Vereinen oder Kollektiven bauten sie Gemeinschaftsprojekte für die Zukunft auf, Orte, an denen gleichermaßen gelebt und gearbeitet wurde. Wer das Glück woanders entdecken wollte, reiste mit leichtem Gepäck weiter, um eine neue Verbundenheit in einer neuen Gemeinschaft zu finden. Es war nicht das Geld, was sie glücklich machte – es waren die tiefen und gesunden Beziehungen, der Zusammenhalt in solidarischen Gemeinschaften und das Gefühl, mit ihrem Wirken zu etwas Gutem und Sinnvollem beizutragen. Ich reduzierte meine Arbeitszeit, kündigte Abos, Bausparverträge und Versicherungen und gewann noch mehr Freiraum. Ich stellte mein eigenes Leben Schritt für Schritt weiter auf den Kopf, wurde immer mehr Teil des Widerstandes.

Jeder neue Kontakt mit diesem Leben, welches sich so sehr von meinem unterschied, kostete mich anfangs Überwindung – und jedes Mal wurde ich mit einem neuen Gefühl des Ankommens belohnt. So auch als ich das erste Mal meinen Rucksack packte und mich zur *Letzten Generation* nach Berlin aufmachte – und wo ich auch Hannah das erste Mal begegnete.

Mit ihr habe ich das Gefühl, ich könnte alles schaffen. Mit ihr als Verbündeter fühlt sich jeder Schritt leicht an. Und ich bin so unheimlich stolz darauf, dass ich einst den ersten kleinen Schritt gegangen bin, so froh, dass Hannah mich abgeholt hat, so gespannt auf alles, was noch vor uns liegt. Ohne sie hätte ich nicht die Polizeivernetzung der *Letzten Generation* aufgebaut, ich hätte nicht den Mut und auch nicht die Gelegenheit gehabt, mit einer Klimaaktivistin ein systemkritisches Buch zu schreiben, obwohl ein Disziplinarverfahren gegen mich geführt wird und es bis zur letzten Seite Widerstände gegen die Arbeit an diesem Buch gab.

Ich hätte all das niemals als Chance sehen, niemals einen so selbstbewussten Blick in den Spiegel werfen können. Ich hätte niemals selbst zu einem Menschen werden können, der so große Schritte wie Hannah geht und mit immer mehr Kraft nun auch Botschaften überbringt, Aufmerksamkeit auf die Probleme der Polizei lenkt.

Vielleicht ist genau dieses Buch eine Ermutigung, ein Weckruf für ganz viele Menschen, die sich in kleinen, aber entschlossenen Schritten auf den Weg machen, unzählige weitere Veränderungen in Gang setzen. Menschen, die diejenigen Utopien wahr werden lassen, von denen wir heute noch träumen.

HANNAH Der Dialog mit einer Polizistin führte mich weit aus meiner Komfortzone heraus, aber miteinander in Kontakt zu kommen, ist ein wichtiges Element des Widerstandes. Erst unser Kontakt brachte uns in die Lage, den gemeinsamen Ursprung unserer Probleme zu erkennen, zu begreifen, dass die Unzufriedenheit, die wir allein manchmal nicht verorten konnten, durch ein und dasselbe gesellschaftliche System bedingt wird. Erst durch unsere gemeinsame Analyse können wir heute gemeinsam handeln, gemeinsam für etwas einstehen, gemeinsam Widerstand leisten. Aus Widersprüchen wurden Puzzlestücke, aus einsamen Leiden eine gemeinsame Lösung. Ich finde es wichtig, Verständnis für andere Menschen zu haben, die unter systemischen Zwängen leiden und gleichzeitig jede Bühne zu nutzen, um sie zu motivieren, gemeinsam die Welt zu verändern. Noch sind so viele von uns getrennt durch die Rollen, die sie in diesem überholten System einnehmen.

Stellt euch vor, wir werden es schaffen, uns über all unsere gesellschaftlichen Rollenverständnisse hinweg darauf zu verständigen, dass eine Änderung dieses Systems unbedingt notwendig ist. Stellt euch vor, wir entwickeln ein Bewusstsein dafür, dass nicht wir es sind, die Grenzen überschreiten, wenn wir uns gegen den Stress und die Zerstörung grenzüberschreitender Systeme zur Wehr setzen. Stellt euch vor, es entsteht dort eine Bewegung, wo alle Menschen Brücken bauen.

BEIDE Im Frühling 2024 sitzen wir gemeinsam am Lagerfeuer an einem Zukunftsort mitten im Grünen Band.[103] Wo die innerdeutsche Grenze einst Menschen trennte, verbinden sich heute Geschichte und Gegenwart, Natur und Kultur.[104]

Knospen brechen dort auf, wo das Holz bereits tot erschien. Aus scheinbar leblosen Ästen und Zweigen erwächst neues Leben, eine Fülle von grünen Blättern und zarten Blüten, die das Gesicht der Landschaft verändern und sie mit neuem Glanz erfüllen. Bienen fliegen von Blüte zu Blüte, während ein Storch über die Baumwipfel schwebt. Wo noch vor kurzer Zeit Stille herrschte und das Wasser träge vor sich hin dümpelte, kehrt das Leben zurück.

Im Grünen Band holt sich die Natur zurück, was ihr einst gehörte. Wo noch vor wenigen Jahren die innerdeutsche Grenze verlief, Soldaten ausgebildet, Panzer erprobt und Raketen abgefeuert wurden, reihen sich heute die Biotope riesiger Nationalparks aneinander. Auf den einstigen Schießbahnen konnte sich der Waldbestand in ursprünglichster Form entwickeln – ohne dass es einer Kontrolle oder eines sonstigen Beitrages bedurfte. Inmitten dieser erneuerten Pracht entfaltet sich eine Botschaft, die weit über das Grüne Band hinausreicht: Auch dort, wo Hoffnungslosigkeit und Verzweiflung regierten, kann die Natur heilen – wenn man ihr Raum und Zeit gibt.

Die Klimakatastrophe ist Verpflichtung und Chance zugleich, unsere Rettung dort zu erkennen, wo gefragt ist, was der Mensch fast verlernt hat: Mensch zu sein.

DANKSAGUNG

Die Entstehung dieses Buches war ein langer Prozess, der ohne die Hilfe von unzähligen großartigen Menschen nicht möglich gewesen wäre.

Wir wollen all diesen Menschen, die unermüdlich an unserer Seite standen, von Herzen danken. Euch, die uns Ideen gegeben, uns Mut gemacht und Kraft gegeben haben.

Danke an alle Menschen, die Korrektur gelesen und uns mit ihrem aufmerksamen Blick und kritischem Nachfragen unglaublich geholfen haben.

Ein besonderer Dank gilt auch dem Team des Droemer Knaur Verlags sowie unserer Literaturagentin, ohne die dieses Buch nie entstanden wäre.

Wir wollen allen Menschen danken, die für eine bessere Welt kämpfen. Euer unermüdlicher Einsatz gibt uns Kraft, weiterzumachen. Danke an alle, die immer wieder mit Verständnis, Ehrlichkeit und einem offenen Herzen aufeinander zugehen, die sich für Dialog und gemeinsame Aushandlungsprozesse einsetzen.

Und nicht zuletzt vielen Dank an euch, liebe Leser:innen!

Anhang

INFORMATION UND TRANSFORMATION

Informationen zur Klimakatastrophe und dystopische Zukunftsbilder, die wir unbedingt verhindern wollen, findest du hier:

Aldous Huxley (2014): *Schöne neue Welt*, Fischer Taschenbuch Verlag

Toralf Staud und Nick Reimer (2023): *Deutschland 2050: Wie der Klimawandel unser Leben verändern wird*, Kiepenhauer & Witsch

Greta Thunberg (2022): *Das Klimabuch*, S. Fischer Verlag

David Wallace-Wells (2022): *Die unbewohnbare Erde: Leben nach der Erderwärmung*, Heyne Verlag

Lasst uns lieber gemeinsam für Welten wie diese kämpfen.

Rutger Bregman (2019): *Utopien für Realisten: Die Zeit ist reif für die 15-Stunden-Woche, offene Grenzen und das bedingungslose Grundeinkommen*, Rowohlt Verlag

Alexandra Endres und Susanne Götze (2023): *Zukunftsbilder 2045: Eine Reise in die Welt von morgen*, oekom Verlag

Maja Göpel (2021): *Unsere Welt neu denken: Eine Einladung*, Ullstein Verlag

Luisa Neubauer und Alexander Repenning (2019): *Vom Ende der Klimakrise: Eine Geschichte unserer Zukunft*, Tropen Verlag (bei Klett-Cotta)

Mehr Informationen zum Kapitalismus und welche Folgen er hat, findest du hier:

Naomi Klein (2016): *Die Entscheidung: Klima vs. Kapitalismus,* S. Fischer Verlag

Reinhard Schneider (2023): *Die Ablenkungsfalle: Die versteckten Tricks der Ökologie-Bremser. Wie wir unsere Umwelt nicht länger aufs Spiel setzen*, oekom Verlag

Jean Ziegler (2021): *Was ist so schlimm am Kapitalismus: Antworten auf die Fragen meiner Enkelin*, Penguin Verlag

Alexandra Weltz (Regie und Drehbuch, Deutschland 2020): *Capital B – Wem gehört Berlin?*, rbb Fernsehen (Rundfunk Berlin-Brandenburg), https://www.rbb-online.de/doku/c-d/Capital-B-Wem-gehoert-Berlin/doku-fuenfteiler-capital-b.html

Klaus Stanjek (Regie und Drehbuch, Deutschland 2020): *Passee – eine ostdeutsche Dorfgeschichte*, rbb Fernsehen (Rundfunk Berlin-Brandenburg), https://www.ardmediathek.de/video/doku-und-reportage/passee-eine-ostdeutsche-dorfgeschichte/ndr/Y3JpZDovL25kci5kZS8xNDkzXzIwMjQtMDYtMDUtMjItMzA

Hier findest du, was unser Selbstbewusstsein, unsere Selbstwirksamkeit und unseren Widerstand stärkt:

Lea Bonasera (2023): *Die Zeit für Mut ist jetzt!* S. Fischer Verlag

Rutger Bregman (2021): *Im Grunde gut: Eine neue Geschichte der Menschheit*, Rowohlt Verlag

Lina Eichler, Henning Jeschke, Jörg Alt (2023): *Die Letzte Generation – Das sind wir alle: Wenn die Welt in Flammen steht, hilft es nicht, den Feueralarm auszustellen*, bene! Verlag

Edward S. Herman und Noam Chomsky (2023): *Die Konsens-Fabrik: Die politische Ökonomie der Massenmedien*, Westend Verlag

Rainer Mausfeld (2021): *Warum schweigen die Lämmer? Wie Elitendemokratie und Neoliberalismus unsere Gesellschaft und unsere Lebensgrundlagen zerstören*, Westend Verlag

Christian Miles (2023): *Chrisidokia*, flamal books, https://www.neveronstages.com/

Rolf Sellin (2021): *Bis hierher und nicht weiter: Wie Sie sich zentrieren, Grenzen setzen und gut für sich sorgen*, Kösel Verlag

Arne Semsrott (2024): *Machtübernahme: Was passiert, wenn Rechtsextremisten regieren. Eine Anleitung zum Widerstand*, Droemer

Stefanie Stahl (2015): *Das Kind in der muss Heimat finden: Der Schlüssel zur Lösung (fast) aller Probleme*, Kailash Verlag

Thekla Wilkening und Robin Haring (2021): *Das Biopizza-Dilemma*, Redline Verlag

Leon Windscheid (2021): *Besser fühlen: Eine Reise zur Gelassenheit*, Rowohlt Polaris

The Week (Eine Woche. Gemeinsam mit anderen. Um die entscheidende Herausforderung unserer Zeit zu begreifen. Um die globale Krise unserer Zeit anzupacken.) https://www.theweek.ooo/

Pioneers of Change (Bildungsträger und Netzwerk für persönliche und gesellschaftliche Entwicklung), https://pioneersofchange.org/

Hörspielpodcast *Verletzte Generation*

**Hier findest du Menschen und Gesellschaften,
die »Polizei« heute schon anders denken:**

Benjamin Derin und Tobias Singelnstein (2022): *Die Polizei: Helfer, Gegner, Staatsgewalt. Inspektion einer mächtigen Organisation*, Econ Verlag

Peter Gelderloos (2021): *Kriminalität: Beispiele für Gesellschaften ohne Polizei*, hg. von der Anarchistischen Gruppe Dortmund

Oliver von Dobrowolski (2022): *Ich kämpfe für eine bessere Polizei*, S. Fischer Verlag

Abschaffung der Polizei und andere revolutionäre Lehren aus Rojava, https://www.kurdistan-report.de/index.php/archiv/2020/80-kr-210-juli-august2021/997-abschaffung-der-polizei-und-andere-revolutionaere-lehren-aus-rojava

Akademie der Polizei Hamburg, Institut für Transkulturelle Kompetenz, https://akademie-der-polizei.hamburg.de/wir-ueber-uns/institut-fuer-transkulturelle-kompetenz

Gesellschaft für Freiheitsrechte, Projekt »Mach Meldung! Starke Stimmen für die Polizei« (Gemeinsam für einen besseren Schutz von Hinweisgebenden in der Polizei), https://freiheitsrechte.org/themen/demokratie/mach_meldung!

Hier findest du Menschen und Gesellschaften, die Politik, Wirtschaft und Zusammenleben heute schon anders denken:

Christian Felber (2018): *Gemeinwohlökonomie*, Piper Verlag

Jonas Gampe (2021): *Letzter Ausweg: Permakultur*, Löwenzahn Verlag

Maja Göpel (2023): *Wir können auch anders: Aufbruch in die Welt von morgen*, Ullstein Verlag

Ulrike Herrmann (2024): *Das Ende des Kapitalismus: Warum Wachstum und Klimaschutz nicht vereinbar sind – und wie wir in Zukunft leben werden*, Kiepenheuer & Witsch Verlag

Daniel Christian Wahl (2022): *Regenerative Kulturen gestalten*, Phänomen Verlag

Agora Neues Lernen gUG, bringt partizipative Schüler:innen-Budgets an Schulen, um so ein Fundament für eine demokratische Schulkultur zu legen, https://agora-neues-lernen.de/partizipatives-schuelerinnen-budget/

Bedingungsloses Grundeinkommen, https://www.mein-grundeinkommen.de/

Cradle to Cradle, Kreis statt Krise, https://c2c.ngo/

Kulturland Genossenschaft, lebendiges Land in gemeinsamer Hand, https://www.kulturland.de

Mietshäuser Syndikat, Die Häuser denen, die drin wohnen, https://www.syndikat.org

Magazin *Neue Narrative,* Unsere Arbeitswelt braucht ein Update, https://www.neuenarrative.de/

Projektgelände »Wir bauen Zukunft«, Wir erforschen, testen und gestalten grundlegende Bestandteile einer zukunftsfähigen Gemeinschaft, https://wirbauenzukunft.de/

Hier findest du Informationen zu Bürger:innenbeteiligungsformaten:

Lokale Versammlungen Projekt Menschlichkeit, https://projekt-menschlichkeit.info/

Magazin *Stadtgespräche,* Schwerpunktthema Bürger:innenbeteiligung, https://stadtgespraeche.org/bb.mob.php

ANMERKUNGEN

Wie die Dinge eben laufen

1 https://www.komm-zur-bundespolizei.de/grenzpolizeiliche-aufgaben/
2 https://www.sueddeutsche.de/muenchen/muenchen-fluechtlinge-2015-hauptbahnhof-1.5014315
3 https://www.sueddeutsche.de/politik/seehofer-ausgerechnet-an-meinem-69-geburtstag-sind-69-personen-nach-afghanistan-zurueckgefuehrt-worden-1.4050375
4 https://daserste.ndr.de/panorama/archiv/2021/Absurde-Abschiebung-Seehofers-Afghanen-sind-zurueck,abschiebung926.html
5 https://www.wissenschaft.de/erde-umwelt/wie-kalt-war-die-letzte-eiszeit/
6 https://climate.copernicus.eu/copernicus-2023-hottest-year-record; https://climate.copernicus.eu/copernicus-2024-world-experienced-warmest-january-record
7 https://www.uno-fluechtlingshilfe.de/hilfe-weltweit/themen/fluchtursachen/klimawandel
8 Hannah Arendt, https://dpa-factchecking.com/austria/210311-99-778787/

Kipppunkte

9 https://taz.de/Lobbyismus-auf-der-Klimakonferenz/!5813564/
10 https://www.klimafakten.de/sites/default/files/factsheet_wg2VierGradWelt_final.pdf

11 https://www.klimareporter.de/protest/baerbock-bittet-um-abbruch-des-hungerstreiks
12 https://www.tagesspiegel.de/politik/klimaaktivisten-beenden-ihren-hungerstreik-6855634.html
13 https://www.berliner-zeitung.de/news/hungerstreik-in-berlin-robert-habeck-besucht-klimaaktivisten-li.184745

Widerstand aus den eigenen Reihen

14 https://www.tagesschau.de/wissen/klima/kipppunkte-100.html
15 https://www.diw.de/documents/publikationen/73/diw_01.c.819609.de/diwkompakt_2021-169.pdf
16 https://www.mdr.de/wissen/luetzerath-kohle-studien-100.html

Ein ungewöhnliches Bündnis

17 https://taz.de/Razzia-gegen-Klimaaktivisten/!5964551/
18 https://www.amnesty.de/allgemein/pressemitteilung/deutschland-ermittlungen-kriminalisieren-klimaprotest-fridays-for-future-letzte-generation
19 https://www.tagesspiegel.de/politik/rechtsextremes-netzwerk-plante-attentate-auf-politische-gegner-5941297.html
20 https://www.nordkurier.de/politik/prozess-um-munitions affaere-im-lka-sachsen-vertagt-2375202
21 https://www.zdf.de/nachrichten/politik/dobrindt-klima-raf-100.html
22 https://www.mitmischen.de/parlament/innenpolitik/diskussion-uber-letzte-generation
23 https://www.n-tv.de/politik/Verfassungsschutz-Letzte-Generation-ist-nicht-extremistisch-article23723918.html

24 https://www.bild.de/news/2023/news/kontakt-per-e-mail-letzte-generation-will-polizei-unterwandern-85293782.bild.html

25 https://www.welt.de/politik/deutschland/article246785706/Klimaaktivismus-Wie-eng-ist-die-Polizei-mit-der-Letzten-Generation.html

26 https://www.bild.de/politik/inland/politik-inland/brisanter-bericht-polizisten-sollen-klima-kleber-unterstuetzen-84783074.bild.html

27 https://www.welt.de/vermischtes/kriminalitaet/video246403372/Letzte-Generation-Sie-hat-bei-der-Berufswahl-gehoerig-danebengegriffen.html

28 https://www.welt.de/vermischtes/kriminalitaet/video246403372/Letzte-Generation-Sie-hat-bei-der-Berufswahl-gehoerig-danebengegriffen.html

29 https://www.sueddeutsche.de/meinung/bundespolizei-letzte-generation-disziplinarverfahren-rechtens-kommentar-1.6073829?reduced=true

30 Lea Bonasera (2023): *Die Zeit für Mut ist jetzt!* S. Fischer Verlag, S. 109.

31 ebd., S. 112.

Schädliche Systeme

32 https://de.statista.com/themen/1318/psychische-erkrankungen/#editorsPicks

33 https://de.statista.com/statistik/daten/studie/77239/umfrage/krankheit-hauptursachen-fuer-arbeitsunfaehigkeit/

34 https://www.dbb.de/artikel/krankenstand-bei-der-polizei-steigt-dramatisch.html

35 https://de.statista.com/statistik/daten/studie/377233/umfrage/umfrage-in-deutschland-zum-vertrauen-in-die-polizei/

36 https://www.thueringer-allgemeine.de/politik/article235185693/

Alles-Einzelfaelle.html sowie https://www.zeit.de/2023/36/polizei-rassismus-struktur-vielfalt-einzelfaelle

37 https://www.bmi.bund.de/SharedDocs/pressemitteilungen/DE/2020/10/keine-studie-rechtsextremismus-polizei.html

38 https://www.tagesschau.de/inland/btw21/diw-studie-klimakrise-101.html

39 https://www.umweltbundesamt.de/publikationen/umweltbewusstsein-in-deutschland-2022

40 https://www.bpb.de/themen/parteien/parteien-in-deutschland/zahlen-und-fakten/140358/die-soziale-zusammensetzung-der-parteimitgliederschaften/

41 https://www.bundestag.de/dokumente/textarchiv/2021/kw39-wahlstatistik-863722

42 https://www.dw.com/de/was-verdienen-abgeordnete/a-59175706

43 Benjamin Derin, Tobias Singelnstein (2022): *Die Polizei. Helfer, Gegner Staatsgewalt,* Econ Verlag, S. 107.

44 https://www.zeit.de/2012/13/Stimmts-Steinzeitarbeit und https://www.sueddeutsche.de/wissen/steinzeit-arbeitskultur-arbeitszeit-1.5252375?reduced=true

45 https://de.statista.com/statistik/daten/studie/4761/umfrage/dividendenzahlungen-der-dax-unternehmen/

46 https://www.tagesschau.de/wirtschaft/flugverkehr-privat-jets-eu-101.html

47 https://de.statista.com/themen/1181/weltwirtschaft/#topicOverview

48 https://friendsoftheearth.eu/press-release/green-mining-is-a-myth-new-study/; https://www.mdr.de/wissen/green-deal-projekt-lithium-100.html; https://efahrer.chip.de/news/lithium-vorkommen-diese-laender-haben-die-groessten-reserven-1_101148

49 Wir werden das Wort »Machthabende« im weiteren Verlauf noch öfter benutzen. Wir wollten eine Bezeichnung finden, die

keine diktatorischen Assoziationen weckt, gleichzeitig aber auch nicht nur politische Entscheidungsträger:innen einschließt, sondern zugleich wirtschaftlich einflussreiche Menschen – oft Superreiche –, die politische Entscheidungen und Prozesse aufgrund ihrer finanziellen Macht enorm beeinflussen können, ohne dafür jedoch eine demokratische Legitimation zu haben.

50 https://www.wiwo.de/politik/deutschland/interessenvertreter-mit-hausausweis-mehr-lobbyisten-als-abgeordnete-im-bundestag/23763664.html

51 https://taz.de/Grossspenden-an-Parteien/!5981936/

52 https://www.finanzwende.de/themen/cumex/

53 https://www.br.de/nachrichten/wirtschaft/ex-audi-chef-stadler-zu-bewaehrungsstrafe-verurteilt,TiMLq3W

54 Noam Chomsky (2023): *Die Konsens-Fabrik,* Westend

55 https://www.expertenrat-klima.de/news/expertenrat-fuer-klimafragen-zielerreichung-2030-fraglich-ohne-paradigmen-wechsel/

56 https://de.statista.com/statistik/daten/studie/37187/umfrage/der-weltweite-co2-ausstoss-seit-1751/

57 https://www.sueddeutsche.de/politik/klimapolitik-olaf-scholz-1.5463409

Eine gefährliche Spirale

58 https://www.umweltbundesamt.de/daten/private-haushalte-konsum/konsum-produkte/ausstattung-privater-haushalte-gebrauchsguetern#gebrauchsguter-bestand-wachst

59 Langzeitstudie Harvard, https://www.adultdevelopmentstudy.org/

60 Copernicus, WMO, https://climate.copernicus.eu/europe-experiences-widespread-flooding-and-severe-heatwaves-2023

61 https://www.greenpeace.de/publikationen/kurzanalyse_rwe_-_vom_winde_verweht_maerz_2021.pdf

62 https://taz.de/Die-Zukunft-wie-sie-RWE-sieht/!5973726/

63 https://tantower.wordpress.com/2023/06/20/aus-gruenden-der-transparenz-veroeffentlichen-wir-an-dieser-stelle-die-gesamte-rede-von-claudia-pechstein-im-wortlaut/

64 https://netzpolitik.org/2024/gesetzesentwurf-geplantes-bundes-polizeigesetz-auf-verfassungsrechtlich-duennem-eis/

65 https://www.bundestag.de/dokumente/textarchiv/2021/kw23-de-bundespolizei-843410

66 https://www.deutschlandfunk.de/neue-polizeigeset-ze-in-den-bundeslaendern-mehr-befugnisse-100.html

67 https://dejure.org/dienste/vernetzung/rechtsprechung?Gericht=BVerfG&Datum=20.07.1954&Aktenzeichen=1%20BvR%20459/52

68 https://www.deutschlandfunk.de/deutsche-wohnen-enteignen-berlin-vonovia-immobilien-100.html

69 https://www.tagesspiegel.de/berlin/berliner-wirtschaft/das-gesamte-streikrecht-steht-auf-dem-prufstand-arbeitskampf-bei-gorillas-beschaftigt-berliner-gericht-9717320.html; https://www.berliner-zeitung.de/wirtschaft-verantwortung/kuriere-gorillas-klage-kuendigungen-wilder-streik-arbeitsgericht-berlin urteil-workers-collective-li.221049

70 https://www.reisereporter.de/reisenews/wilder-streik bei tuifly-airline-muss-entschaedigungen-zahlen-7TNOES5TA4JBKL3PMPH25OAPWW.html

71 https://www.br.de/nachrichten/bayern/containern-ist-diebstahl-urteil gegen-studentinnen-bestaetigt,ReqxuaZ

72 https://www.t-online.de/nachrichten/panorama/id_100192870/polizei-trainiert-schueler-und-stellt-sie-an-den-wasserwerfer.html

73 https://taz.de/Verschaerftes-Polizeigesetz-in-NRW/!5845664/ und https://www.landtag.nrw.de/portal/WWW/dokumentenar-chiv/Dokument/MMD17-16719.pdf

74 https://taz.de/Ende-Gelaende-und-der-Verfassungsschutz/!5776149/

75 Naomi Klein (2016): *Die Entscheidung: Klima vs. Kapitalismus,* Fischer Taschenbuch Verlag, 2016

76 https://taz.de/Queerfeindlicher-Angriff/!6013627/

77 https://zentralrat.sintiundroma.de/pressemitteilung-schaendung-der-holocaust-gedenkstaette-fuer-sinti-und-roma-in-flensburg/

78 Während des Zweiten Weltkriegs wurde der Begriff für das systematische Programm zur Ermordung von Menschen mit Behinderungen und psychischen Erkrankungen missbraucht.

79 https://www1.wdr.de/nachrichten/rheinland/angriff-wohnheim-moenchengladbach-100.html

80 https://www.faz.net/aktuell/politik/bundestagswahl/afd-alexander-gauland-traeumt-von-entsorgung-aydan-oezoguz-15171141.html

81 https://www.faz.net/aktuell/politik/fluechtlingskrise/beatrix-von-storch-afd-vizechefin-will-polizei-sogar-auf-kinder-schiessen-lassen-14044186.html

82 https://www.zeit.de/politik/deutschland/2024-06/afd-gewinnt-kommunalwahl-brandenburg-mecklenburg-vorpommern-2024

83 https://www.rnd.de/politik/lina-e-was-die-zahlen-ueber-links extremismus-und-rechtsextremismus-in-deutschland-verraten-ZQVCD7Z5FZEMTDGCBY3WN74NJE.html

84 https://taz.de/Kriminalitaet-in-Berlin/!5997878/

85 https://www.youtube.com/watch?v=bkRD8bl0GWc

86 https://de.statista.com/statistik/daten/studie/1394525/umfrage/einstellung-zu-demokratie-und-politischem-system-unter-polizisten/

87 https://www.tagesschau.de/inland/gesellschaft/polizisten-extremismusverdacht-medienbericht-100.html

88 Newsletter Raphael Thelen Mai 2024.
89 https://wirbauenzukunft.de/
90 https://hitzacker-dorf.de/index.html
91 https://c2c.ngo/stell-dir-vor/
92 https://c2c.ngo/umdenken/
93 https://www.kraaijvanger.nl/nl/projecten/stadskantoor-venlo/ und https://c2cvenlo.nl/wp-content/uploads/2018/03/hoe_werkt_het_stadskantoor_de.pdf
94 https://www.mein-grundeinkommen.de/erkenntnisse/was-ist-es
95 https://www.mein-grundeinkommen.de/erkenntnisse/wie-wirkt-es
96 https://letztegeneration.org/gesellschaftsrat/
97 https://projekt-menschlichkeit.info/
98 https://sk-prinzip.eu/sk-prinzip/ und https://letztegeneration.org/gesellschaftsrat/
99 https://www.finanzwende.de/ueber-uns/aktuelles/anne-brorhilker-wird-geschaeftsfuehrerin-der-buergerbewegung-finanzwende
100 Ulrike Herrmann (2022): *Das Ende des Kapitalismus*, Kiepenheuer & Witsch
101 https://germany.ecogood.org/
102 Bill Mollison (1997): *Introduction to permaculture*, Tagari Publications
103 https://wirbauenzukunft.de/
104 https://www.naturpark-ehw.de/gruenes-band